3分で

は飲めない　ニセモノの酒

	柄	原　料
ビール	ンラガー・一番搾り、サッポロ黒ラベル	麦芽、ホップ以外に、米（米）、コーン（粗びきとうもこし粉）、スターチ（でんぷ など添加物
発泡酒	アサヒ本生、キリン淡麗、キリン極生、サントリー純生、サントリーマグナムドライ・サントリーダイエット、サッポロ生搾り……	麦芽・ホップ以外に、酸味 香料、糖類、糖化スターチ（ あめ）を添加
雑酒	サッポロドラフトワン……	
清酒	月桂冠、白鶴、日本盛、白鹿、松竹梅、黄桜、菊正宗、大関、沢の鶴、剣菱など代表的マス・プロ銘柄のアル添・糖添清酒	米、米麹以外に、醸造アルコール（廃糖蜜）、糖類（ぶどう 水あめ・米ぬか糖化液）、酸 料（コハク酸・クエン酸）、味料（L・グルタミン酸ナトウム）など添加物
甲類焼酎（ホワイト・リカー） 連続式蒸留機で蒸留した焼酎	大五郎、ビッグマン、ヒットマン、すばる、大樹氷、トライアングル、ワリッカ、どんなもん大、楽…… タカラ､合同､協和､サントリー､メルシャンなどのホワイト･リカー	原料表示なし 廃糖蜜（モラセス）が原料
乙類焼酎（本格焼酎） 単式蒸留機で蒸留した焼酎	いいちこ、二階堂が代表	添加物は砂糖とナツメヤシ りづけ）
ワイン	サントリー、メルシャン、サッポロ、アサヒ、マンズワインなどの巨大メーカー品	輸入ワイン原酒をベースに 産」として販売 原産地表示も不明確で曖昧
ウィスキー	サントリー、ニッカ、メルシャン、国産地ウィスキーメーカーはすべてが本場の模倣品	原料表示はモルト・グレー
ブランディ	サントリー、ニッカ、メルシャンなどの商品はすべて本場、フランス製の模倣品	原料表示なし
スピリッツ （ジン･ウオッカ･テキーラ･ラム）	国産のすべて	甲類焼酎（ホワイト・リカー をベースにそれぞれのフレ バーや色素（カラメルなど） 添加
リキュール	マス･プロ品、チョーヤの梅酒、キリン氷結、ハイリキ、スーパーチューハイ、徳島産すだち酎……国産リキュールすべて	主原料の表示なし 甲類焼酎（ホワイト・リカー） ベースに砂糖、香料、色素（ 用青色１号･黄色４号･赤色 号、赤色 106 号など）を添
中国酒	永昌源の杏露酒など	化学調味料（アミノ酸等）で け
みりん	タカラ、万上、富貴、相生の大手メーカー商品	廃糖蜜アルコールをベースに （ぶどう糖・水あめ）を添加

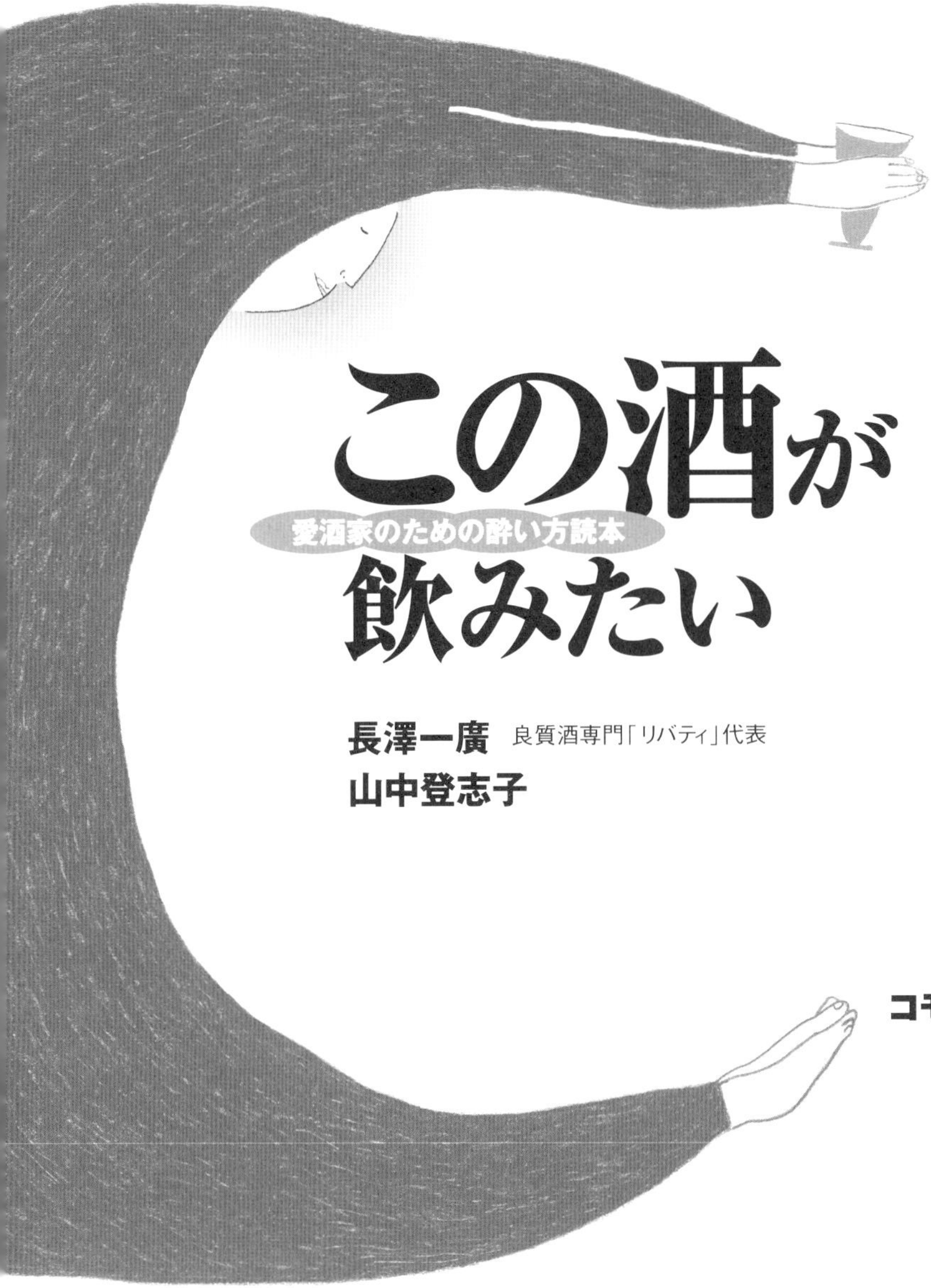

この酒が飲みたい

愛酒家のための酔い方読本

長澤一廣　良質酒専門「リバティ」代表

山中登志子

コモンズ

この酒が飲みたい●目次

この酒が飲みたい●目次

装丁：呉幸子
装画：村田善子
本文レイアウト&イラスト：日高真澄
写真撮影：前田美穂
協力：岩崎量示／中川聖子

酒選びの物差し

日本には「酒造法」がありません。2万種類を超えるであろう酒類の中からいったい何を基準にして、銘柄を選ぶべきでしょうか。愛酒家の意見もさまざまでしょう。

たとえば「うまい」の表現ひとつをとっても、「どんな原料であろうと自分の舌がうまいと感じたものがいちばん！」というのはまだいいほうです。「とりあえずビール」の表現に代表されるように「うまい」「まずい」を飛び越え、白く泡立つ琥珀色の液体をただ飲めばよしとする人も多いのです。

一生のうちで、酒が飲める期間とその量には限度があります。だからこそ、まともな原料、まともな造りの酒を相手に、上質な食生活をしてみてはいかがでしょうか。

では、酒を選ぶ物差しをどこでどのようにして体得したらいいのでしょう。

あなたは小学校入学から社会に出る間、それらしきことを教えられた記憶がありますか？大学時代に醸造学を特別に学んだ人はまだしも、大半は、よほど酒好きな教授か良識がある先輩に出会わない限り、そのイロハを学ぶチャンスはないといってよいでしょう。しかし、社会へ一歩踏み入れた途端に〝洗礼〟を受けるのが、酒です。

酒自販機の放列、添加物まみれの自称ビール、最粗悪な発泡酒、ホワイト・リカー（甲類焼酎）に甘味・香料・わずかな量の果汁と炭酸ガスを加えた缶チューハイ、大型ＰＥＴ容器入りのホワイト・リカー、国産の自称ウィスキーやブランディ、そして紙パック入りの清酒もどきや合成酒……。そのときの人気銘柄を10〜15倍の値につり上げて売っている業者や、減圧蒸留で短期熟成、大量生産の麦焼酎が山積みされた酒ディスカウントショップを含む業者から、「酒選びの常識や物差し」が授けられるとは思えません。ましてや職場の上司・先輩・同僚が発泡酒や缶チューハイなどを常飲しているならば、その環境は最悪と言わなければならないでしょう。

酒類小売免許は全廃され、自由化となり、２００４年に入って異業種からも素人同然の新規参入が続いています。しかし、先に紹介した酒類はそれよりもっと以前から生産・販売されてきました。では、その道に精通するプロフェッショナルとして国が認めた酒の免許人がなぜ、そんな酒類をメインにするのでしょうか。はたして手頃な価格で、よりまともな中身・品質の酒であることを求めている消費者の利益を守るための味方になっているでしょうか。無人販売の酒自販機や売れない銘柄との「抱き合わせ販売」を平然と、半ば強要することに躊躇はないのでしょうか。

酒選びのポイントは次の三つです。

①まともな原料を使って、まともな造りを実践する蔵元（メーカー）の酒を選ぶこと。

まともな酒とは、永年にわたる経験則に裏づけられ、かつ原料素材・製造方法を逸脱することなく踏襲し、その中で必要な改良・改善を経て、最良の酒質を備えているものだと思います。

②原料・品質の良し悪しを自分の言葉で説明ができる酒販業者を探すこと。

酒やたばこの自販機が店頭に並んでいる店舗は、「誰が飲もうと喫おうと一切知らない」という姿勢の現れです。また、ビール券などで店内のあらゆる品物を自由に交換できることを薦めている業者を選びましょう。ビールが苦手な人もいるゆえに便宜を図っているからです。

③イメージづくりに大金を費やす銘柄（大手メーカー）に振り回されないこと。

中高年向け雑誌のよいしょ記事や、煽り記事、ご当地番組と銘打ったテレビの〝御用〟番組で紹介された酒に飲まされないようにしましょう。また、インターネットやオークションサイトで法外な値段を吹っかける酒には手を出さないこと。それらの品質管理状態もまったく不明です。

そして、今こそ問われるべきは、筆者はもとより酒販業者の良識・常識を含む資質そのものでしょう。ズサンな酒が市場を占拠している最大原因がここにあると思うからです。

２００４年10月

良質酒専門「リバティ」代表　長澤一廣

あの酒 この酒
どんな酒

一生のうちで、
酒が飲める期間とその量には
限度があります。

Q 国産酒の特徴は？

A 国産全酒類の約90%は模造品です。まともな清酒は11%、ビールは5%のみ。反対にウィスキーやブランディは100%インスタントな模造品。良質な酒を生み出すための技術を向上させるのではなく、安価・粗悪な原料でも「こんなモノも出来る」的な技術や製品が増えています。発泡酒やチューハイなどの商品がそうです。

国産酒の中で健康によく、安全・安心で良質な酒は次の4つだけ。①純米酒・特別純米酒・純米吟醸酒・純米大吟醸酒と純米本みりん、②本格焼酎、③沖縄の泡盛、④麦芽100%のビール。ほかは見事なくらいに添加物のオンパレード。どこを指して先進自由主義国なのか悩んでしまいます。

Q 日本のお酒の種類は？

A 酒税法でアルコール1度以上の飲料を酒類といい、清酒、合成清酒、焼酎、みりん、ビール、果実酒類、ウィスキー類、スピリッツ類、リキュール類及び雑酒の10種類に分類されます。また、製造工程別では、混成酒(梅酒やリキュール酒、薬酒など)、蒸留酒(原料を発酵させた後に蒸留して造る酒。焼酎、ウィスキー、ブランディなど)、醸造酒(原料を発酵させて造る酒。清酒、ビール、ワインなど)に分けられます。

Q 日本の酒の法律はどうなっているの？

A 日本には酒税法はあっても、酒造法はありません。酒税法は国税庁が53年に酒税を徴収するためにつくった法律です。明治時代の富国強兵策以来、今日に至るまで日本は、酒のすべてを単なる徴税の道具・手段にすぎないと一貫して位置づけてきました。酒造りの根幹・定義を示すべき酒造法を制定する意志は、現在までまったくありません。このため日本は模倣や模造の〝天国〟と化しています。酒文化を確立させる術もないのも、これが大きく影響しています。

ホンモノの酒の選び方 Q&A

酒造法がないのは、消費者の利益を守る消費者保護基本法違反ではないでしょうか。

Q　お酒は安いほうがいいのでは？

A　安く購入できることもよいことですが、安過ぎることで悪い場合もありますので注意しましょう。安価で粗悪な原料を使い、一応飲めるようなモノを造り出すことをわたしは「負の技術」と呼んでいます。それは、本来、不必要な技術なのです。消費者は誰ひとりそんなモノを「造ってほしい」と頼んではいないのですから。

Q　テレビCMでよく見る銘柄や大手メーカーの商品がいいの？

A　イトーヨーカ堂・ユニー・ジャスコ・ダイエーなどのバイヤーいわく、「買い付け商品の最大決定条件は同等品ならテレビCMの量が多いこと」。しかし、テレビCM量の多い銘柄や大手メーカーの商品が一番よいとはいえません。むしろ逆です。

大手メーカーの01年度から03年度の広告費を紹介しましょう。

■サントリー【４３３億９５００万円／４３４億４５００万円／３６０億３２００万円】

■キリンビール【３９１億９０００万円／３８８億７１００万円／３１８億９５００万円】

■アサヒビール【３１８億８０００万円／４０８億２４００万円／３８１億３９００万円】

■サッポロビール【１９９億８４００万円／２０８億８０００万円／１５８億５３００万円】

■４社合計【１３４３億７７００万円／１４３９億４８００万円／１２１９億１９００万円】

〔出典〕日経広告研究所編『広告白書』（平成14年、15年、16年版）。

毎年１０００億円以上ものこのお金が原料素材の改良に使われれば、お酒も良質品になります。やはり原料のよいものを選ぶことが大事です。

回答者＝長澤一廣

Q お酒はどこで購入したらいいの？

酒の中身・品質が安全・安心・健全かつ健康によいことは絶対条件です。

A 原料・素材の勉強・研究をして中身の真実を知った酒屋なら、発泡酒、大型PET容器入りホワイト・リカー、缶チューハイ、アル添・糖添清酒、いいちこ、国産ウィスキー、国産ブランディ、そして意図的にブランド化をねらう清酒や焼酎を売ったりしません。

大切なことは、お客様のT・P・O（ご都合や要求）に合わせてふさわしい酒の紹介と提案ができ、どこが優れ、どこがいけないかなどの適切・的確な商品説明ができ、品質管理もしっかりしている酒販業者を探すことです。雑誌などで意図的につくられたブランド化銘柄で売り場を飾ったり、プレミア価で売りつけたり、売れない銘柄との抱き合わせ販売など強要したりしない、酒自販機を設置しないという良識をもった業者を探す努力も必要でしょう。

Q うまい酒に出会えるレストランや飲食店は？

和風・洋風問わず、飲食店でなかなかまともな造りの酒に出会えません。

A その理由は、飲食店主に酒の知識がなく、添加物を多用した酒で料理の味が損なわれるのではという危惧さえも抱いていないところがあるからです。出入りの酒販業者も原料・品質については不勉強ですから、意図的にリベートの多い銘柄をすすめ、メニュー化させているのが現状です。店主もテレビCMで流れるマス・プロ（大手・大量生産）銘柄であれば、「説明もいらないし、ラクして売れる」と考えているので、両者の利害も一致します。だから、店頭にスーパードライやキリンラガーなどの立看板があるお店が多いのです。

ウィスキーやブランディも同じで、サントリーというラベルやイメージを信じ込んでいる人だけを相手にラクに商売ができると考えていると思います。電話で扱い銘柄や原料を問い合わせてみて、ていねいに応えてくれる店がオススメです。

ホンモノの酒の選び方 Q&A

Q　お酒の大敵は？

A

あらゆる酒にとって品質を守るためには光と熱を避けるというのが常識です。酒が劣化する最大の原因は日光・照明器具と高温です。

街なかを走る酒問屋、路線トラック、酒販店の車に遮光熱シートも被せていないものを見るのは、同業として恥ずかしい限りです。お客様の立場からすれば、劣化した酒を買わされることになります。酒類は直射日光を受けることで日光臭というムッとする不快臭が発生します。ビールに30分ほど日光が当たっただけで、オフ・フレーバー(あってはならない悪臭)が発生します。この被害を避けるためには炎天下、陽ざらしの酒を平然と販売する業者から買わないこと。

また、百貨店の酒売場やコンビニは、照度の高い蛍光灯とスポットライトが多用されています。ワイン・清酒・焼酎・リキュールも含めて、売場のスポットライト・蛍光灯・暖房は酒にとって苦手なのです。

Q　酒類の値段は決まっているの？

A

ひとつの目安として市販希望価格はあります。しかし、遠距離蔵からの配送運賃などの関係もあり、一概にいえません。一方で、マス・プロ酒などはリベート絡みで2～3割安。ときには半値以下などという例もあります。つまり、価格は売り手の裁量・判断に任されているのです。

しかし、インターネットのオークション市場の例でいえば、意図的に幻化やブランド化をねらって煽り、希望価格の10～15倍の値をつける輩があとを断ちません。かつて、一世を風靡した新潟越の寒梅を中心に八海山や雪中梅、最近では久保田のたぐいまで出てきています。また、本格焼酎ブームのいま、入手困難銘柄と称して、富乃宝山・中々・海・魔王・森伊蔵・百年の孤独など特別な造りでも内容でもない焼酎に10～15倍の値段がつくほどです。

また、ネーミングの巧みさでチヤホヤしているだけにすぎないものもあります。外国人が働く、女性杜氏がいるといった周辺情報も酒の質とは無関係で、ラベルだけを飲みたがる人々を手玉に取った商法です。それがどのような品質管理をされていたものか確認できない以上、手を出さないのが賢明です。中身・原料に関心を持ち、身近な値段で良質な酒がほかにたくさんあることを知るほうが大切です。

Q 同じような酒が山積みされているのはなぜ？

A 新規開店のフードセンター、酒ディスカウントショップ、最近ではコンビニにも、テレビCMで宣伝しているマス・プロ銘柄ばかりが山積みされています。それは、「安さだけを謳い文句にすればいい、店も客も商品知識ゼロだからとりあえず非説明ですむマス・プロ品でいい、客はこの程度の商品で充分満足するはず」といった店側の姿勢の現れだと思います。

Q 紙パック入り酒は便利？

A 便利といった一面もありますが、紙パック内側に貼りつけてあるポリ被膜の成分がアルコール作用で溶け出しているので、おすすめしません。新品の紙パック酒を開栓した時、石油臭がすることがあります。メーカー（日本盛、黄桜、白鹿など）に問い合わせたところ、厚生労働省の「許可基準以内に収まっている」との言い分でした。これは、溶けている事実を認めたということではないでしょうか。

Q 唎き酒のやり方は？

A 毎年秋に唎酒会が東京や名古屋を中心に開催されます。純粋日本酒協会、日本吟醸酒協会、FOODEXなどです。わたしもよく出かけますが、そのとき心がけていることを紹介します。

清酒は純米・特別純米・純米吟醸・純米大吟醸酒のみを唎き、アル添や糖添酒は一切、口にしま

ホンモノの酒の選び方 Q&A

せん。人工的に造りあげたアル添、糖添酒で味覚の物差しが崩れることを怖れるからです。また、新酒鑑評会などは全酒を唎かず、金賞受賞酒の左右にある落選酒との差を頭に入れ、その理由を考えます。

本格焼酎は、カメ仕込み・常圧蒸留・長期熟成モノを味覚の基本とし、減圧蒸留・イオン交換樹脂濾過品は極力、口にしません。

ワインはまず、白の軽いモノから肉厚モノへ、赤は軽いモノからフルボディへ。ウィスキーも熟成の若いモノから長期熟成品、低アルコールから高アルコールへ。

いずれも1〜2ccを舌の上で満遍なく転がして含み、味を確かめつつ、歯の間から空気を吸って鼻孔へスーッと流し、香りを確かめ、酒は4〜5秒で吐き出します。また、舌は10銘柄ごとに水で洗うだけにとどめ、会場に用意されたパンやチーズを食べたりしません。味覚が鈍るからです。

そして、香料の強い化粧をした人から離れる、普段から喫煙はしない、歯みがき剤や化粧石けんを使わない、消臭剤を身辺に置かない、香辛料や添加物を多用した加工食品を極力避けるなどに心がけています。

Q 酒の規制緩和でどうなったの？

A

細川政権時代に打ち出された規制緩和策の中に、酒販免許自由化があります。03年9月1日から一部の規制を残して酒販免許自由化を施行。酒販免許自由化の結果、04年年明けからコンビニだけでなく、ＤＩＹ(大型生活雑貨店)・文具メーカー・運送会社・大型ドラッグストア・ピザ店・レンタルビデオ店など酒の販売店に出くわすことになり、いつでもどこでも酒が買えて飲めるようになりました。ダイエー、イトーヨーカ堂や酒ディスカウントチェーンなど大手流通業界側からの突き上げと意向を組んだ形です。その裏には、それらの大手にその地域や市場の需給を集約させ、既存零細業者が転・廃業することで手間のかかる事務処理を大幅に減らす目的があります。

酒を販売する前に最低限の勉強、研修を受けることを必要としないというのが、財務省・国税庁の一貫した姿勢です。現在にいたるまで、アルコールを扱うに当たり、国家試験もなければ、品質の良悪を学ぶべき勉強会もありません。

そこには国の「酒は単なる徴税の道具・手段に過ぎぬモノ」という明治政府の富国強兵策以来の一貫した考えがあり、どんな酒がどんな売られ方をされようとも(酒の自販機がその典型例)酒税さえ国庫に入ればよしとしています。酒に関する基礎知識もない者が酒を扱うために、粗悪・低質酒のさらなる拡散。まともな原料・品質を備える酒の販売・製造の機会損失とそれら業者の倒産。さらには、アルコール依存者の急増と飲酒酩酊関連事故・事件の増大へとつながっていきます。

酒販免許自由化にともない、財務省は酒類販売管理士なる資格制度を急きょ新設し、未成年者飲酒防止を主題に全国で講習会を開催しました。しかし、配布した資料の目次を読み、数行の補足をしただけ。あとは内容を読んでおくようにと指示しただけです。それでいて、「受講証を店内に掲示せよ」と指導しています。つまるところ、消費者団体・学校関係者・ＰＴＡ・警察などに示した単なるポーズでしかありません。

Q 酒税とは？

A 酒税法は、酒税の対象になる酒類の定義、課税方式、税率、納税方法、免許制度などを規定しています。主な酒の酒税負担割合は以下になります。【小売価格／内酒税／負担割合】

■清酒(15度、１・８ℓ)
【１８３５円／２５３円／13・８%】
■焼酎(乙類、25度、１・８ℓ)
【１５６４円／４４７円／28・６%】
■ビール(３５０㎖)【２１８円／78円／35・８%】
■発泡酒(３５０㎖)【１４５円／37円／25・５%】
■ウィスキー(43度、７５０㎖)
【２２３０円／３３０円／14・８%】

国産ビールの酒税率は大ビン６６３㎖当たり41

・7%。これはドイツの約7倍、フランスやアメリカの約4倍、イギリスの約2倍です。

国産ビールの高税率は、明治政府が舶来の高級酒として高税率を課した名残りです。すでに大衆化したビールの姿を見ると、腑に落ちないことでしょう。国民の所得水準が上がるにつれて酒税負担感が薄れてきたことをよいことに、放置してきたからです。しかし、景気が後退してきた94年、サントリーのホップスを皮切りに、酒税法の間隙を突くように登場した発泡酒は麦芽使用量を抑え、たとえばアサヒスーパードライなどよりさらに低質な中身であることを交換条件に酒税率を逓減化。それを反映させて低価格を打ち出しました。いまやその売れ行きは、ビール・発泡酒総量の35%強を占めるまでになっています。

Q　自動販売機の酒の売り上げはどれくらい？

A　日本自動販売機工業会によると、酒・ビール・ココア・コーヒー・牛乳そのほかの飲料の売り上げ金額は、２兆８１４６億７１００万円(２６１万台)です(01年1～12月『自動販売機の文化史』集英社新書より)。

すべての自販機に売り上げ報告義務はありません。よってメーカーが出荷した台数と容積の大きさにある数値(予想稼働率)を掛け算。しかし、廃棄台数は不明なので、数字だけは雪だるま式にふくれる仕組みだと日本自動販売機工業会は回答してきました。出荷台数が減ればそのまま売り上げも減ったことにしているだけ。つまり実数の把握は１００%不可能。〝だろう数字〟をあげているだけのこと。近々、自販機での売り上げが飲料などメーカーの全生産量をはるかに上回る数字で表面化することになるのではないでしょうか。

Q　アルコールが車の燃料に使われるって本当？

A　ホワイト・リカーはもとより、清酒や国産ブランディやリキュールの原料として使われているサトウキビの廃液でつくられたアルコールが、日本でも近々、車の燃料として使われます。

03年6月、温室効果ガス削減目的でこれと同じモノを3%ガソリンに混ぜ、混合ガソリンとして国民に使用させ、10年にはレギュラーガソリンの全量を欧米なみに10%混合ガソリンに切り替えるという決定をしました。環境省は沖縄県宮古島で走行試験を開始。ブラジルでは70年代から実施中です。04年9月、ブラジル訪問中の小泉首相にルラブラジル大統領は、エタノール（エチルアルコール、醸造アルコールと同じもの）を自動車燃料として日本に輸出したいと申し入れています。アメリカでもすでに10%混合ガソリンが全量の1割になりました。

醸造アルコールやホワイト・リカーのことをわたしは「燃料酒」と名づけていますが、清酒、ホワイト・リカーの全商品、缶入りチューハイ、梅酒、国産ブランディ、ジン、ウォッカ、ラム、テキーラのベースになっています。車の燃料と同じものを「酒」として飲まされているのです。

Q 最近のお酒の売れ筋商品は？

A ビール・発泡酒については各社が主要製品販売数量を出していますので（次ページ表1）、ランキングが出ています。しかし、そのほかのお酒については実際のところわかりません。

『酒販ニュース』（醸造産業新聞社）本社が調査した「東京・家庭用で昨年（03年）最も売れた銘柄」というアンケートがあります（次ページ表2）。実際の市場での販売シェアとは必ずしも一致していませんが、これらを見るとテレビCMで大々的に売り放つマス・プロ銘柄、リベートの多いもの、そして消費者の信じ込みや思い込みを利用し、低価格で簡単に売ることができる商品がメインになっています。これらが各酒類のメイン商品になっているということは、販売する側に原料素材と造り方についての知識がいかに欠如しているかがよくわかります。まともな中身、品質の酒を求める消費者の利益を守る意識を持っていないのが、日本の現状なのです。

ホンモノの酒の選び方 Q&A

〔表 1〕ビール、発泡酒＆雑酒の売れ筋ベスト 10

ビール		発泡酒＆雑酒	
銘　柄	数量(万)	銘　柄	数量(万)
①アサヒスーパードライ	6435	①キリン麒麟淡麗生	2530
②キリン一番搾り	1918	②アサヒ本生	1418
③キリンラガー	1652	③アサヒ本生アクアブルー	979
④サッポロ黒ラベル	1284	④サッポロ生搾り　計	872
⑤サントリーモルツ	778	⑤キリン淡麗グリーンラベル	824
⑥キリンクラシックラガー	498	⑥サッポロドラフトワン【雑酒】	800
⑦サッポロヱビス　計	388	⑦サントリーマグナムドライ	710
⑧カールスバーグ(サントリー)	22	⑧サントリーダイエット生	314
⑨アサヒ黒生	17	⑨アサヒ本生オフタイム	240
⑩ギネス(サッポロ)	16	⑩キリン極生・生黒　計	222

(出典)04 年上半期 各社主要製品販売数量ランキング(各社発表)。数量は大ビン換算、ケース。

〔表 2〕清酒、焼酎などの売れ筋商品

◆清酒総合	⑩メルシャン・ジャイアント	②サントリーオールド	⑩ホワイトマッカイ
①菊正宗		③ブラックニッカクリアブレンド	◆バーボン
②大関	◆チューハイ製品		①I・W・ハーパー
③松竹梅	①キリン氷結	④単にサントリー	②ジャックダニエル
④澤の鶴	②ハイリキ	⑤サントリーリザーブ	③アーリータイムズ
⑤剣菱	③スーパーチューハイ	⑥スーパーニッカ	④フォアローゼズ
⑥月桂冠	④旬果搾り	⑦サントリーレッド	⑤ワイルドターキー
⑦剣菱	⑤宝 can チューハイ	⑧サントリーホワイト	⑥ジムビーム
⑧白鶴	⑥単にキリン	⑨ブラックニッカ	◆輸入ブランディ
⑨黄桜	⑦ハイボーイ	⑩サントリートリス	①レミーマルタン
⑩白鹿	⑧グビッ酎	◆スコッチ	②ヘネシー
◆焼酎甲類	⑨単に宝	①シーバスリーガル	③カミユ
①単に宝	⑩宝スキッシュ	②ホワイトホース	◆国産ワイン
②宝(純)	◆焼酎乙類	③ジョニ黒	①サッポロ
③アサヒ大五郎	①いいちこ	④ジョニ赤	②メルシャン
④眞露	②二階堂	⑤カティサーク	③マンズワイン
⑤ホワイトパック	③吉四六	⑥ベル	④サントリー
⑥ホワイトタマ	④田苑	⑦バランタイン	⑤アサヒ
⑦どんなもん大	⑤さつま白波	⑧単にジョーウオーカー	⑥井筒ワイン
⑧ビッグマン	◆国産ウィスキー		
⑨白梅	①サントリー角	⑨オールドパー	

(注) 東京都内の酒類小売店 600 店舗を対象として毎年、醸造産業新聞社が実施している「東京・家庭用で昨年最も売れた銘柄」アンケート。実際の販売シェアとは必ずしも一致していない。
(出典)『酒販ニュース』04 年 4 月 1 日号。

1937 年（昭和 12 年）	日中戦争勃発
1939 年（昭和 14 年）	米不足のため「清酒減産令」。“金魚酒” の異名も
1940 年（昭和 15 年）	「上・中・並　等酒制度」制定
1943 年（昭和 18 年）	1937 年と比べて清酒生産量が 4 分の 1 に
	「等級制度」発足。「特・1・2」の表示に
	＊アルコール度差で酒を「特・1・2」と記号化した。もともと品質の良・悪を裏づけるものではなかったが、価格差＝うま差・品質差と勘違いされた。
1944 年（昭和 19 年）	全清酒がアルコール添加（廃糖蜜アルコール）に移行
1945 年（昭和 20 年）	敗戦
1949 年（昭和 24 年）	「三倍増醸法」（無添加酒と比べて 3 倍に水増し）の試醸開始
1951 年（昭和 26 年）	全国規模で「三増酒」（三倍増醸酒）へ移行
	＊廃糖蜜アルコール・ブドウ糖・水あめを混ぜ込んだことで、本来の清酒の味がわからなくなる原因にもなった。
1975 年（昭和 50 年）	清酒「原料表示」実施
1976 年（昭和 51 年）	みりん「原料表示」実施
1979 年（昭和 54 年）	ビール「原料表示」実施
1980 年（昭和 55 年）	国産ウィスキー、スコッチなどの輸入ウィスキー「原料表示」実施
1983 年（昭和 58 年）	泡盛（乙類）「原料表示」実施
1986 年（昭和 61 年）	本格焼酎（乙類）「原料表示」実施
	国産ワイン「原料表示」実施
1987 年（昭和 62 年）	アサヒ　スーパードライ発売
1992 年（平成　4 年）	清酒の「級別制度」廃止へ
1994 年（平成　6 年）	サントリー　発泡酒第 1 号ホップスを発売
1995 年（平成　7 年）	サッポロ　発泡酒ドラフティ発売
1996 年（平成　8 年）	アサヒ　スーパードライの売り上げでキリンを抜いて 1 位に浮上。ご当地ビールが乱立
1998 年（平成 10 年）	キリン　淡麗で発泡酒市場参入
2001 年（平成 13 年）	アサヒ　本生で発泡酒市場参入
2003 年（平成 15 年）	ボジョレ・ヌーヴォ 70 万ケースで輸入量世界一に
	年末　焼酎が清酒の売り上げを上回る
2004 年（平成 16 年）	本格焼酎ブーム

ビール

本来の原料は、麦芽・ホップのみ。
原料のよさが 100% 発揮され、芳香にすぐれ芳醇な
味わいが楽しめます。

ホンモノのビール

■外国産ビール

ベルギーを中心に、ドイツ・アイルランド・イギリス・アメリカなどの無添加ビールのすべて

■国産ビール

アサヒスーパーモルト、キリンハートランド、サッポロヱビス、サントリーモルツ、サントリープレミアムモルツ、オリオンオリオンモルトビール(沖縄県内のみで販売、麦芽100%ビール) 6銘柄

■国産地ビール

茨城のNEST(良質なのでアメリカ約20州に輸出)

【特　徴】

＊原料は、麦芽・ホップのみ
＊芳香にすぐれ芳醇な味わい
＊原料のよさが100%発揮されている

この酒は飲めない

ビール

ニセモノのビール

■ビール
アサヒスーパードライ、キリンラガー、キリン一番搾り、サッポロ黒ラベル……など多数

■発泡酒
アサヒ本生、キリン淡麗、キリン極生、サントリー純生、サントリーマグナムドライ、サントリーダイエット、サッポロ生搾り……など多数

■雑酒
サッポロドラフトワン……など多数

【特　徴】

■ビール
＊原料は麦芽、ホップ以外に、米(屑米)、コーン(粗びきとうもろこし粒)、スターチ(とうもろこしでんぷん) などの添加物
＊新発売品の大半はこれらの原料を使用
＊米、コーン、スターチの最大添加量は 33%
＊容量増しとコストダウンをねらっている
＊イソアルファー酸で苦味と酸味を補填
＊苦味を抑える製法が主体
＊生ガキ臭・クリームコーン臭・硫黄臭・紙臭・雑巾臭などオフ・フレーバー(OFF FLAVOR)、ムッとする臭い

■発泡酒
＊原料は麦芽、ホップ以外に、酸味料、香料、糖類(麦芽糖)、糖化スターチ(水あめ)などを添加
＊世界最高の酒税率 35·8%(350㎖缶)に対する「抵抗」品
＊煮込んだキャベツ臭・生ガキ臭・紙臭・段ボール臭・動物臭(ヤギや犬など)などの臭い

Q ビールの原料は？

A

ビール本来の原料は、麦芽とホップです。これが純粋なビール。しかし、日本で売られている純粋ビールはわずか5％たらず。95％は発泡酒も含めて混ぜものだらけで、米、コーン、スターチなど添加されています。米は古米を主とした屑米《くずまい》、コーンはとうもろこし粒、スターチはとうもろこしでんぷん。

「まじりっけなしのうまさ」と言ったのは、キリン一番搾り。しかし、原料素材が無添加ということではありません。屑米・コーン・スターチなど添加物いっぱいのビールです。アサヒスーパードライの「ホンモノのうまさ」も同様です。

国産大手4社（アサヒ、キリン、サッポロ、サントリー）のうち、麦芽・ホップ製はわずか5銘柄（全国的に販売されている商品）。沖縄県内のみで販売されているオリオンモルトビール（アサヒビールの傘下）を入れると6銘柄のみです。他の200に及ぶビール・発泡酒は添加物を多用しています。また、『消費者リポート1136号』（00年12月17日発行）は、「アレルギー症状を引き起こすスターリンク混入のコーンを国産ビール3社（キリン、アサヒ、サッポロ）が174トンを原料として使用」と報じています（スターリンクは遺伝子組み換えされたとうもろこしの商品名）。

ドイツのように、1516年4月23日以来ずっと原料は麦芽とホップを守り続けている国もあります。ベルギーのように、果汁やコリアンダーをはじめとする香草などを加えて造っている国もあります。一方、自由主義圏でこんなに多くの添加物を許しているのは恥ずかしいことに日本だけです。原料に無関心ではいられません。

Q ビールにはどんな種類があるの？

A

醸造法によって3タイプに分けられます。

①上面発酵ビール（エール）

発酵温度は18～22℃くらい。発酵が終了すると

ビール Q&A

酵母が液面まで浮き上がってくるため、上面発酵ビールと表現しています。また、発酵と熟成が速く進むため、長期貯蔵は行いません。粗削りな味ですが、濃醇で酸もしっかり。クリーミィな泡立ちがあります。イギリスのエールやスタウト、ドイツのバイツェン、ベルギーのトラピスト(修道院)ビールなどが代表的です。

②下面発酵ビール(ラガー)

5~10℃前後の低温で発酵させ、発酵がすむと酵母が下に沈降します。ビール7000年の歴史から見れば比較的新しく、15世紀にドイツのバイエルンで生まれました。現在では世界各国で主流とされている醸造法です。キメ細やかで、デリケートな味わい。チェコのピルスナー、ドイツのドルトムンダーなどが代表的です。日本のビールも、ピルスナー型の淡色ビールが主力です。

③自然発酵ビール(ランビック)

空気中の微生物を利用して自然に発酵させるビール。20℃前後の高温で造るベルギー独特の醸造法です。酸味に特徴があり。代表はベルギーのランビックです。

なお、生ビールは日本独自の表現で、貯酒タンクの中で熟成させたビールを濾過し、熱処理しないビールです。

回答者=長澤一廣

Q ビヤガーデン用生ビールとビン・缶入りの生ビールはどう違うの？

A ビヤガーデンの生、家庭用2〜3ℓ入り生、缶・ビン入りの生は、異なる容器に詰めただけで、まったく同じものです。つまり、貯蔵タンクは同じで、生産ラインが20〜30ℓの大型樽詰めになるか、ビン・缶入り用になるかの違いだけです。ただし、ビヤガーデン用の生ビールはステンレスかアルミの樽に詰めてあり、熱や光の影響を受けにくくしてあります。一方、ビン・缶入りの生ビールは熱や光の影響を受けやすく、その分だけ変質・劣化しやすいことになります。

国産ビール大手4社は、国産ビールの「生」とは火入れ殺菌しないものとしています。しかし、国産の自称「生」ビールは日本国内だけで流通しているもので、ヨーロッパを中心とした常識ある国々ではまったく通用しません。

低温殺菌しないままでビン詰め、あるいは缶詰にしたビールを「生ビール」と言い始めたのは80年からです。サントリーが67年に純生(ビン詰め)を発売。爆発的な人気になり、同社のシェアもアップしました。ＮＡＳＡの技術であるミクロフィルターを導入し、熱処理をしないで酵母を取り除くことに成功したというのが売りでした。

このサントリー純生がきっかけになって業界で「生」論争が勃発します。「酵母を取り除いたビールは生ではない」と競合他社が言えば、「熱処理しないビールが生だ」とサントリー。けっきょく公正取引委員会が79年に「生ビール、ドラフトビール＝熱処理をしないビール」と公示し、サントリーの主張が認められたのです。それ以後、ミニ樽、生樽、ビヤ樽と称した「生」ビールが登場するようになり、「新鮮な生ビール」といったイメージにすり替わっていきます。

2〜3ℓの樽入りビールの消費を考えて販売されたビヤサーバーを売りまくること１２００万台。ビヤガーデンの生ビールの味と信じ込んで飲んだ中身は、圧搾ボンベの高温でなまぬるくなっていたはずです。

除菌フィルターまで使ってまで「生」にこだわ

ビール Q&A

る国はありません。「生」は日本だけの独特の表現です。ビール酵母も入っていません。「生だからおいしい」といった企業のイメージ戦略にのらないようにしましょう。

Q ビールの適切な温度は？

A ただ冷たいだけの冷やし過ぎは禁物です。下面発酵タイプが主体の国産ビールや、ドイツ、チェコのビールなどは、夏期は6〜8℃、冬期で8〜12℃。イギリス、アイルランド、ベルギーを中心とした上面発酵ビール（スタウトや黒ビール、エールビールなど）は6〜13℃が適切です。ビールのタイプにより多少の差がありますが、ともに冷やしすぎないことです。

激しいスポーツをした後の汗みどろ状態で、ギンギンに冷えたビールを一気飲みするテレビCMがありますが、けっして真似てはいけません。清涼飲料水的な一気飲みに近い飲ませ方をすすめ、味わうビールとはほど遠いのです。

Q ビールのうまい注ぎ方は？

A ビールの注ぎ方の一番のポイントは、いかに上手に泡を立てるかです。おすすめは三度注ぎ。一度目は少量を注ぎ、泡を立てる。二度目はグラスいっぱいになるくらいまで、少し勢いをつけて注ぐ。なぜなら、ビン・缶ビールは炭酸ガス圧が強めなので、ショックを与えて炭酸を抜くと、まろやかさに近づくからです。少し泡が落ちついたら三度目。ゆっくりと泡を盛り立てるように注ぎ足します。そして、上唇に泡をたっぷり乗せてグーっと飲む。三度注ぎを上手に行えば、ビヤサーバーなどはいりません。

二番目のポイントはグラス選び。ゆるやかな曲線の円筒形で、底に丸みがあり、先のほうが少ししぼんでいるものが、理想的。注ぎやすく、泡持ちもよいからです。加えて、適温のうちに飲みきれる容量であること。

T・P・Oに合わせて飲み分け、あるいは異なるタイプをブレンドし、独自の味をつくって試してみましょう。

Q ビールの保管は？

A アルコール分がおよそ５％前後のビールは醸造酒であるために劣化が早く、品質保持には注意が欠かせません。劣化の原因は、保管温度と、ビン・缶の中に侵入した酸素です。たとえば、製造現場では、缶内に残存する酸素量をいかに減らすかの工夫・研究をしています。

もっとも注意したいのは保管の温度。酸敗臭が大量発生するなどの劣化速度は、10℃の温度差で３倍にも早まります。30℃で１カ月、20℃で３カ月の劣化状態はほぼ同じですが、40℃の場合は、わずか10日間で30℃の１カ月と同じ劣化状態になります。家の中では冷暗所に保管し、飲酒リズムを上回るような買いだめをしないのが最善です。

Q ビールのオフ・フレーバーとは？

A ビールのタイプごとに、「あってはならない不快臭」がオフ・フレーバーです。不快臭は多岐にわたっていますが、国産ビールに頻繁にあるオフ・フレーバーは、生ガキ臭・クリームコーン臭・煮込んだキャベツ臭・クレゾール臭・山羊臭を含む動物臭・硫黄臭・カビ臭・汚れたくつ下臭・紙臭・雑巾臭など。

まず、グラスに注いだときに立ち上がるにおいをかいでみましょう。先に列記したものが感じ取れたら、口中では体温でさらに膨張します。吐き出したくなることもあります。

オフ・フレーバーが発生する原因は、①粗悪な原料、②製造工程での温度管理の不徹底、③流通段階での光と温度管理の不備です。オフ・フレーバーを避けるためにも、取り扱い業者の姿勢をよく見ることが大切でしょう。

【参考】「日本地ビール協会」http://www.beertaster.org/

ビール Q&A

Q ビールの賞味期限は？

A

現在、国産ビールの賞味期限は9カ月と表示されています。しかし、期間内に消費すればおいしく味わえるといえるでしょうか。ビールは30分ほど日光が当たっただけで、オフ・フレーバーが発生します。保管をきちんとしていなければ、劣化も進みます。「賞味期限＝早く飲むほどおいしい」というのは、いいかげんな管理下でないことが大前提です。

酵母を取り除き、除菌して売っている大手メーカーの生ビールの広告表現は、「ビールは鮮度」。その賞味期限に比べて、酵母が生きたままの生ビール（地ビールなど）の賞味期限は、9カ月よりずっと短くなっています。「ビールは鮮度」が単なるイメージでしかないことがわかります。

また、単に新鮮だからおいしいというばかりではありません。ベルギービールにも賞味期限の表示はあります。たとえば、アルコール度数が7％以上のボトルコンディション・ビール。このビールは月日の経過とともに風味が変化（劣化ではない）し、3カ月後、6カ月後、1年後、2年後、3年後でそれぞれ異なる美味しさが生まれます。このタイプを長時間保存する場合、15℃前後の暗所で保存するのがベスト。この条件のもとで保管する限り、ラベルに書かれている賞味期限を超えても、品質劣化はみられません。

ベルギーには、20～30年も寝かせておいたヴィンテージ・ビールを飲ませるカフェがあります。そのビールがボトルコンディション・ビールかどうかは、ラベル表示を確認してください。また、ボトルの底に酵母が澱《おり》になって沈殿していれば（無濾過ゆえに）、ボトルコンディション・タイプの可能性が高いです。

Q ビールはどうやって運ばれてくるの？

A

20ℓ入り樽、ビン、缶を問わず、工場からの出荷は同時です。まず樽入りの場合、工場では保冷倉庫に保管しています。出荷後は必ずしも全流通段階、冷蔵管理となってはいません。ほぼ全量が受注発注で、工場→問屋→酒販者→ビヤホールなどの飲食店→消費者の経路が短期、短時間で行われます。また、樽の材質は大半がステンレスあるいはアルミで、その肉厚は1・1～1・2㎜の一枚板、断熱材は使っていません（アサヒ、キリン、サッポロからの回答）。

一方、ビン・缶は問屋以降の流通段階で大量・長期在庫になる例が多く、その間の品質管理面（日照・高温下での不適切な保管など）で問題が発生しやすく、オフ・フレーバー、味わいの劣化が目立つようになっています。

メーカーから酒卸問屋までは、箱型の天蓋車（トラック荷台の天井が二分され、左右双方から荷物の積み卸しできる車）を使用しています。これで日光は遮断できるのですが、走行中に風雨が入らない構造のため、特に真夏の内部温度は外気以上に上昇し、蒸し風呂状態となっています。これが第一段階目の劣化です。

卸問屋は2～4トンの小型・中型トラックで配送します。一部を除いて大半はシート掛けです。ビニール系シートの場合、内部の商品は蒸し風呂状態となり、真夏はビンビールの王冠もさわれないほど高温となっています（アルミ蒸着《じょうちゃく》シートならかなりの遮断が可能）。第二段階目の劣化です。

さらに、街なかを走る酒小売業者の小型配送車は、大半が無蓋の1～2トン車。シートは備えていても使用するのは雨天のみで、常に丸められたままの状態。商品は日晒しとなり、劣化に拍車がかかります。第三段階目の劣化です。

ビールの苦味成分のイソフムロンのイソヘキセノイル側鎖が光分解で3―メチル―ブテニールラジカルを、ビールたんぱくが変性して硫化水素を生み出します。この両者が反応して強烈な狐尿臭を発生させます。もう少し弱い例でも、醤油せんべいの臭いを想起させるようになります。

真夏でも常温管理で腐らない国産自称「生」ビールは、超高性能フィルターで腐りの素となる酵母菌のみならず、旨味までも精密濾過した腑抜け商品です。キンキンで冷たい喉ごしだけを強調

ビール
Q&A

・奨励に終始する理由は、ここにあります。

Q 無添加の国産ビールが少ないのは？

A 国産大手4社の無添加ビールはわずか6銘柄のみです。３年に１～２度、国産ビールメーカーがスポット的に無添加品を発表することがあります。しかし、なぜか発売前から２００万ケース限り(約1カ月半程度の量)などとうたってしまう商品が大半です。つまり、市場に定着させ、育てあげる意思は最初からありませんと宣言しています。

醸造技術師はベルギー・ドイツ・アイルランド・チェコなどのビール先進国へ留学したものの、そこで得た技術の発表場所が与えられず、製品化もされません。限定販売は、彼らのいらだち、ストレス解消、ガス抜き策ではないかとさえ思います。まともな品質のビールに注力する販売店も、必ず唎酒し、その良質さに惚れれば一所懸命に旨さを説き続けますが、限定販売となるとその注いだエネルギーのすべてが徒労に終わってしまいます。問題なのは、粗悪で低単価な発泡酒や「第三のビール」と称するビール風アルコール飲料にうつつを抜かし、まともなビールを減らし続ける経営者の姿勢です。近々、日本人の味覚に咎めが出そうです。

Q 地ビールとは？

A 以前は年間の製造数量２０００kℓ以上の生産および販売見込みがなければ新規参入が認められませんでした。94年に規制緩和策のひとつとして、年間60kℓまで引き下げられたことでビール製造に参入しやすくなりました。

消費者は大手4社の似たような味から新たな味へ期待を込めたものの、原料は海外に依存し、生産量が小さいためにコスト高を是正できず、小売価格は高値のまま推移。一度は手を出した消費者も、３５０mℓ３５０～５００円のビールを敬遠しました。そうこうしているうちに発泡酒の安さに足元をすくわれ、大半の地ビールは勃興期の勢いを失っています。製造場は99年度の264社をピークに03年度には234社となり、この減少傾向は続いています。その中で、茨城のNEST（木内酒造）が技術水準の高さからひとり気を吐いているのが現状です。

Q リバティでは発泡酒をなぜ、売らないの？

A 「粗悪原料でビール風なものを造ってほしい」と消費者が依頼したでしょうか。発泡酒は、酒税逃れを理由に法律の抜け穴を利用して生み出されたものです。琥珀色で白い泡はビールのようですが、ビアテイストすると硫黄臭、湿った段ボール臭、風船ゴムのにおいなどを感じます。発泡酒は、悪税法が生み出した粗悪酒の典型例と言えそうです。しかし、不況感もあって売れているようです。

　麦芽使用量25％以下という理由での低税率ですが、残り75％以上が添加物だらけ。缶チューハイも同様に、若者の新鮮であるべき味覚を狂わせてしまう粗悪品を黙して売り、代金を頂戴してはならないと肝に命じ、小店の姿勢としています。

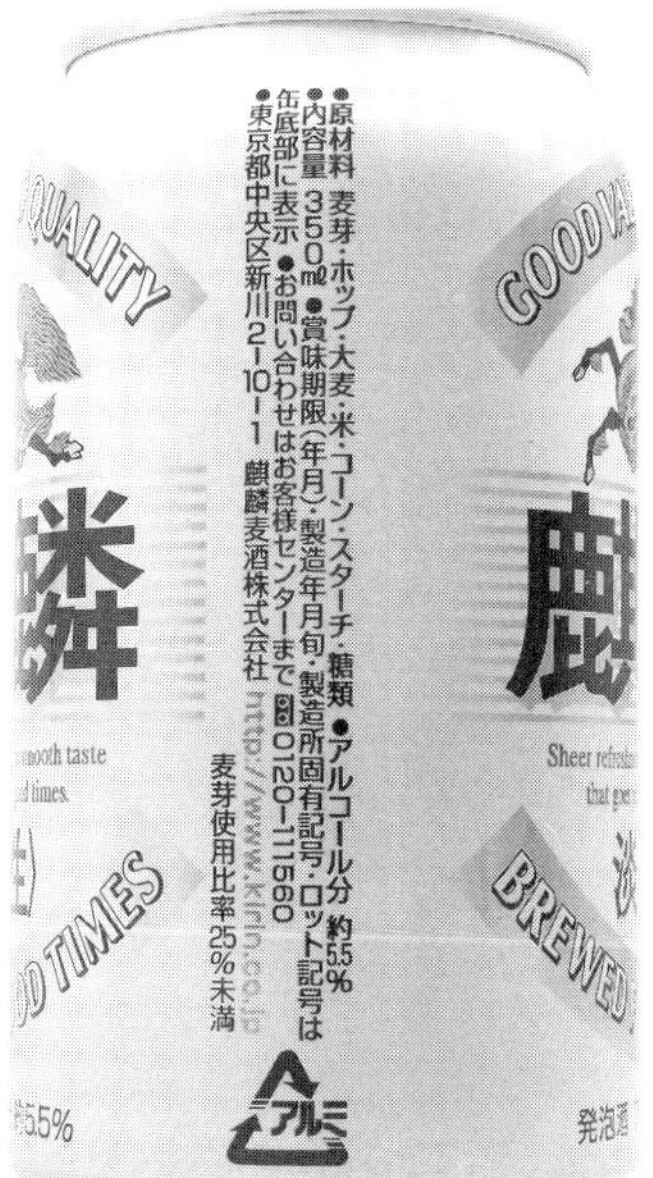

発泡酒売れ筋No.1の麒麟淡麗〈生〉

ビア・クォリティ検定士　長澤一廣

お気に入りのビールあれこれ

わたしの好みのビールは、

■ピルスナーウルケル(チェコ)

下面醗酵ビールの世界基準である香りと味わいを物差しとしている。

■デュベル(ベルギー)

ベルギーの上面醗酵ビールの代表格。香りはフルーティ、まろやかさの中にキレもある。

■ヒューガルデン・ホワイト(ベルギー)

大麦・小麦にコリアンダー等の香草を加え、心地よい酸味を備える。白い濁りビール。

■アンカー・リバティエール(アメリカ)

アメリカ産地ビールの筆頭格。マスカット系の香りとキメ細やかな味わい。

■ギネス・フォーリン・スタウト(FOREIGN)

アイルランドを発祥の地とするドライ・スタウトを他国向けに変化させた。ギネス・スタウトに比べて、香ばしさもキレも数段明快。

そのほか上面発酵ビールでは、オルヴァル、レフェ、シメイ、St フューリエン(以上ベルギー)、アイルランドギネス(FOREIGN EXTRA STOUT)、ニューキャッスルブラウンエール、トラクエア・ハウスエール(以上イギリス)。

下面発酵ビールでは、レーベンブロイ、ベックス(ドイツ)がお気に入りです。

飲める?
飲めない?

アサヒ、キリン、サッポロ、サントリー、オリオン
ビール&発泡酒&雑酒&リキュール類
34商品　テイスティングしてみました!

国産ビール各社に発泡酒も含む定番商品の提供を求め、34タイプをテイスティングしてみました。またもや鼻が曲がるほどの異臭・悪臭に悩まされるのかと思っていましたが、今回はだいぶ様子が違っていました。

04年3月に12種類(スーパードライ、一番搾りなど)をテイストしたときの全体的な感想は、こうでした。

「いきなり悪臭的表現をしなくてもよさそうなタイプが増えた。香料などで化粧を施し、不快臭を巧みに隠すものが増えている。ただし、脆弱そうな酒質ゆえ、初夏から真夏の炎天下で劣化が急激に進行することは十分に予測できる」

今回特に感じたのは、オフ・フレーバーも認識できない商品が増えていたということです。旧来と同様に添加物(屑米・コーン・スターチ)を使っているのに、悪臭が少なかったり、見つからないのです。さらに高性能なセラミック製フィルターを使ったか、メキシコのコロナビールと同様に液状ホップ(ホップの有効成分を液体状に抽出し、苦み成分が太陽光や照明で分解変質されにくいように化学処理加工したもの)を使ったかの、いずれかだと思われます。

4~5種の発泡酒を除いて、ラベルを隠したら抵抗なく飲めます。ただし、これは品質ではなく、〝隠し技術〟を向上させたともいえるでしょう。

各社の営業担当には、商品提供をいただく理由と目的を事前に伝えて持ち込みをお願いしました。その際、交わした会話のなかで、キリンビールの社員はオフ・フレーバーを認識していました。最大手のアサヒビールは「ぜんぜん知りません。そんな用語は社内で聞いたこともありません」とのこと。テイスティングの教育訓練をきちんと行えば、臭い発泡酒にはクレームがついて、社内での抵抗は拡大しただろうにと思います。

実施:04年6月
テイスター:長澤一廣
(ビア・クォリティ検定士)

アサヒ

【ビールテイスティィグ基礎知識】

［オフ・フレーバー］あってはならない不快臭。

［立ち香］グラスに注いだとき、立ち上がる香りを鼻から吸い込んでみる。

［含み香］口中に含み、体温が伝わったとき、拡がる香りを鼻から抜いて確かめる。

［味わい］口中でゆっくり転がしたときに感じる旨味成分の豊さなど。

［喉ごし］引っかかることなく、すっきりと喉を通る感じ。

［後味］喉を通過後、舌の上に何も残らないか、雑味様なものが残るか。

［苦味］麦芽の焦がし方に左右される。ピルスナーは軽く、エールやスタウトはしっかりと感じる。

［キレ］軽快さ、スッキリ、まるみなどで表現する香味の調和性の質的概念。

［コク］濃い、強い、飲み応えがある、ボディ(味の深み、豊醇さ、幅の広さ)などで表現するビールの特性。

ビール

黒　生

原材料/麦芽・ホップ・米・コーン・スターチ・糖類
アルコール分/約5％

04年2月下旬生産品。ビン。

［立ち香］なし
［含み香］なし。焦げ臭はほとんどなし
［味わい］まろやか
［喉ごし］まろやか
［後　味］焦げ臭はなし
［苦　味］
［キレ、コク］

ビール

スタウト

原材料/麦芽・ホップ・糖類
アルコール分/約8％

アサヒ静岡支店は03年9月下旬生産品を持ち込んだ。ビン。

［立ち香］いきなり濃口醤油臭
［含み香］いきなり濃口醤油臭
［味わい］甘みを含むまろやかさ。酸味は弱い
［喉ごし］やわらか
［後味］
［苦味］中間
［キレ、コク］中間

［立ち香］［含み香］は主にオフ・フレーバーの有無を指しています。

発泡酒	発泡酒	ビール	ビール
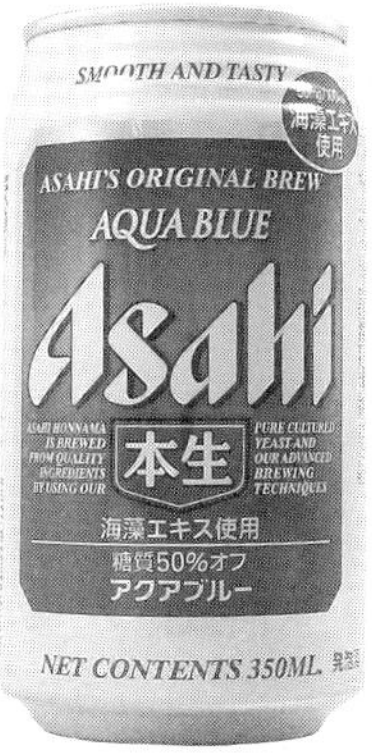			
本生 アクアブルー	本　生	スーパーモルト	スーパードライ
原材料/麦芽・ホップ・大麦エキス・スターチ・糖類・海藻エキス アルコール分/約 5.0%	原材料/麦芽・ホップ・大麦・大麦エキス・スターチ・糖類 アルコール分/約 5.5%	原材料/麦芽・ホップ アルコール分/約 3.5%	原材料/麦芽・ホップ・米・コーン・スターチ アルコール分/約 5%
オフ・フレーバーが気にならなければ、飲めてしまうかも。	海洋深層水を使用とある。海洋深層水とは塩水のことだが、だから何なのか？立ち香の段階からオフ・フレーバーがあって飲めない。	アサヒビール唯一の麦芽（モルト）100%ビール。全製品をこのレベルの技術で製造してほしい。	87年の発売当初とは変化して、オフ・フレーバーが相当少ない。
［立ち香］クリームコーン臭 ［含み香］クリームコーン臭 ［味わい］やわらかいがエグ味あり ［喉ごし］やわらか ［後　味］エグ味の余韻が長い ［苦　味］弱 ［キレ、コク］中間	［立ち香］クリームコーン臭 ［含み香］クリームコーン臭 ［味わい］やわらかいが酸味先行 ［喉ごし］少しまろやかさあり ［後味］軽くエグ味が残る ［苦味］弱 ［キレ、コク］中間	［立ち香］なし ［含み香］なし ［味わい］まろやか。少しコク味も ［喉ごし］スッキリ ［後　味］ほどよい苦味の余韻 ［苦　味］中間 ［キレ、コク］中間	［立ち香］なし ［含み香］なし ［味わい］少し酸味。味は薄い ［喉ごし］軽快なキレ ［後　味］さわやか。スッキリ ［苦　味］弱 ［キレ、コク］中間

キリン　オリオン

ビール	ビール	ビール	発泡酒

一番搾り 黒生ビール	一番搾り	オリオン ドラフトビール	本生 オフタイム
原材料/麦芽・ホップ・米・コーン・スターチ アルコール分/約5.5%	原材料/麦芽・ホップ・米・コーン・スターチ アルコール分/約5.5%	原材料/麦芽・ホップ・米・コーン・スターチ アルコール分/約5%	原材料/麦芽・ホップ・大麦・大麦エキス・コーン・スターチ アルコール分/約4.5%
	以前と比べて、オフ・フレーバーを感じさせない。	アサヒビールの傘下。沖縄オリオン社の100％モルトビールが本土で発売になれば、一大旋風になるのでは。	銘柄を伏せると、飲めてしまうかも。
［立ち香］湿った段ボール紙臭 ［含み香］ ［味わい］エグ味が先行 ［喉ごし］粗い ［後　味］エグ味の余韻が長い ［苦　味］ ［キレ、コク］	［立ち香］なし ［含み香］なし ［味わい］苦味が若干先行 ［喉ごし］少し強いガス圧 ［後味］苦味の余韻が長い ［苦味］強 ［キレ、コク］中間	［立ち香］若干のクリームコーン臭 ［含み香］なし ［味わい］まろやか ［喉ごし］軽快 ［後　味］スッキリとして軽快 ［苦　味］弱 ［キレ、コク］中間	［立ち香］なし ［含み香］なし ［味わい］やわらかで少し酸味も ［喉ごし］軽快 ［後　味］軽快 ［苦　味］弱 ［キレ、コク］中間

ビール

ラテスタウト

原材料／麦芽（大麦麦芽・小麦麦芽）・ホップ・糖類（乳糖）
アルコール分／約 4%

アイルランド系のスタウトとは異なって水っぽい。ビン。

［立ち香］醤油臭
［含み香］煙り臭
［味わい］酸味先行
［喉ごし］粗く水っぽい
［後　味］
［苦　味］中間
［キレ、コク］中間

ビール

キリン ラガービール

原材料／麦芽・ホップ・米・コーン・スターチ
アルコール分／約 5%

銘柄を伏せると、飲めてしまうかも。

［立ち香］なし
［含み香］なし
［味わい］軽快な苦味
［喉ごし］軽い
［後　味］軽い苦味の余韻あり
［苦　味］中間
［キレ、コク］中間

ビール

キリン クラシックラガー

原材料／麦芽・ホップ・米・コーン・スターチ
アルコール分／約 4.5%

銘柄を伏せると、飲めてしまうかも。

［立ち香］なし
［含み香］なし
［味わい］まろやか
［喉ごし］涼しげな感じ
［後　味］少しエグ味あり
［苦　味］中間
［キレ、コク］中間

ビール

キリンスタウト

原材料／麦芽・ホップ・米・糖類
アルコール分／約 8%

以前と比べて、オフ・フレーバーを感じさせない。ビン。

［立ち香］醤油臭
［含み香］醤油臭
［味わい］酸味が強く、醤油臭が拡がる。
［喉ごし］
［後味］
［苦味］中間
［キレ、コク］中間

発泡酒

ハニーブラウン

原材料/麦芽・ホップ・大麦・米・コーン・スターチ・糖類・はちみつ
アルコール分/約 5%

若干濃色。飲料水のように飲めてしまう。

[立ち香] 若干あり
[含み香] なし
[味わい] 舌先に少し甘さあり
[喉ごし] さわやか
[後 味] 軽く甘みが残る
[苦 味] 弱
[キレ、コク] 中間

発泡酒

淡麗 グリーンラベル〈生〉

原材料/麦芽・ホップ・大麦・糖類・酵母エキス
アルコール分/約 4.5%

発売当初と比べて、変化している。

[立ち香] 若干のクリームコーン臭
[含み香] なし
[味わい] 酸味が先行
[喉ごし] 軽快
[後 味] エグ味の余韻あり
[苦 味] 中間
[キレ、コク] 中間

発泡酒

淡麗〈生〉

原材料/麦芽・ホップ・大麦・米・コーン・スターチ・糖類
アルコール分/約 5.5%

発売当初と比べて、変化している。

[立ち香] 若干あり
[含み香] なし
[味わい] 酸味が先行
[喉ごし] 軽快
[後 味] エグ味が長く、若干のザラつきもある
[苦 味] 弱
[キレ、コク] 中間

発泡酒

極 生

原材料/麦芽・ホップ・大麦・米・コーン・スターチ・糖類
アルコール分/約 5.5%

キリン商品中、オフ・フレーバーがいちばん明確にある。飲めない。

[立ち香] クリームコーン臭。オリーブの実臭
[含み香] あり。クリームコーン臭。オリーブの実臭
[味わい] 酸味が先行 [喉ごし] 軽快
[後 味]
[苦 味] 弱
[キレ、コク] 中間

発泡酒	発泡酒	ビール	ビール
	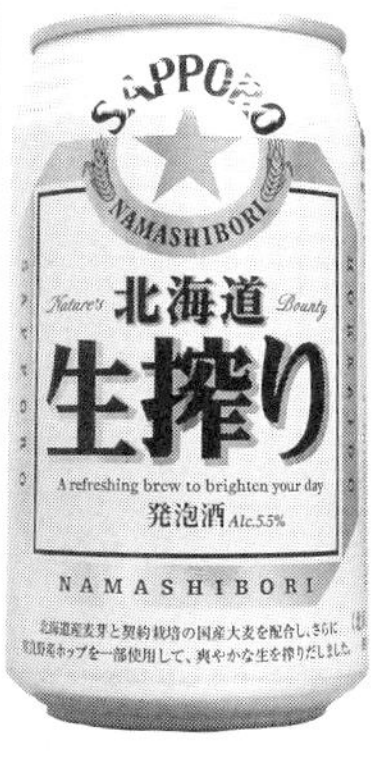		
麦100% 生搾り	**北海道 生搾り**	**サッポロ 黒ラベル**	**ヱビスビール**
原材料/麦芽・ホップ・大麦 アルコール分/約4%	原材料/麦芽・ホップ・大麦・糖類 アルコール分/約5.5%	原材料/麦芽・ホップ・米・コーン・スターチ アルコール分約5%	原材料/麦芽・ホップ アルコール分/約5%
	飲めない。		サッポロ唯一のモルト100%ビール。技術面でのシンボル・指標的存在。
［立ち香］少しクリームコーン臭 ［含み香］少しクリームコーン臭 ［味わい］酸味先行 ［喉ごし］軽快 ［後　味］苦味の余韻が少し長い ［苦　味］弱 ［キレ、コク］中間	［立ち香］クリームコーン臭 ［含み香］体温が伝わるとともにクリームコーン臭が拡大 ［味わい］粗い酸味が先行 ［喉ごし］軽快 ［後　味］苦味の余韻が長い ［苦　味］中間 ［キレ、コク］中間	［立ち香］一瞬、わずかにクリームコーン臭 ［含み香］なし ［味わい］少し酸味が先行 ［喉ごし］さわやか ［後　味］苦味の余韻が長い ［苦　味］中間 ［キレ、コク］中間	［立ち香］なし ［含み香］なし。フローラル ［味わい］心地よく上品な苦み。まろやかさのある味わい ［喉ごし］やわらかくまるい ［後　味］丸みを帯びたやわらかさ。フローラル ［苦　味］中間 ［キレ、コク］コク

サントリー

ビール

**モルツ
赤城山水系**

原材料/麦芽・ホップ
アルコール分/約5%

サントリーのモルト100%ビール・水系シリーズのひとつ。

［立ち香］なし
［含み香］なし。フルーツ系の甘い香りあり
［味わい］少し酸味あり
［喉ごし］まろやか
［後　味］少し軽い苦味をともなうキレ
［苦　味］中間
［キレ、コク］中間

ビール

モルツ

原材料/麦芽・ホップ
アルコール分/約5%

旧来からあるサントリー唯一の麦芽（モルト）100%ビール。やわらか、まろやかさに優れる。

［立ち香］なし
［含み香］なし
［味わい］一瞬甘味あり。まろやか
［喉ごし］まろやか
［後　味］軽快なキレ
［苦　味］弱
［キレ、コク］中間

ビール

**ザ・プレミアム
モルツ**

原材料/麦芽・ホップ
アルコール分/約5.5%

サントリー商品中でキレ味にシャープさがある。

［立ち香］なし。フルーツ系の香りあり
［含み香］なし。フローラル
［味わい］スッキリとした苦味
［喉ごし］さわやか
［後　味］心地よい苦味の余韻
［苦　味］強
［キレ、コク］キレ

雑　酒

ドラフトワン

原材料/ホップ・糖類・エンドウたんぱく・カラメル色素
アルコール分/約5%

麦芽ではなくエンドウ豆のたんぱく質を使用した雑酒扱い品。他メーカーに対する価格対抗のみを目的。一見琥珀色、白い泡立ちのビール風体だが、飲めない。

［立ち香］クリームコーン臭、キャベツの煮込み臭
［含み香］［立ち香］に同じ
［味わい］やや強いガス圧。酸味が先行
［喉ごし］軽快
［後　味］エグ味の余韻あり
［苦　味］弱
［キレ、コク］中間

発泡酒

新 純生

原材料/麦芽・ホップ・大麦・糖化スターチ
アルコール分/約 5.5%

発売当初と比べて、オフ・フレーバーはなく、ラベルを伏せると飲めてしまうかも。

［立ち香］なし
［含み香］なし
［味わい］やわらかな酸味先行
［喉ごし］軽快
［後　味］少しエグ味あり
［苦　味］弱
［キレ、コク］中間

ビール

モルツ 南阿蘇 外輪山水系

原材料/麦芽・ホップ
アルコール分/約 5%

［立ち香］クリームコーン臭
［含み香］なし
［味わい］粗い酸味
［喉ごし］
［後　味］
［苦　味］弱
［キレ、コク］中間

ビール

モルツ 天王山 京都西山水系

原材料/麦芽・ホップ
アルコール分/約 5%

水系シリーズの中でも、やわらかさが目立っている。

［立ち香］なし
［含み香］なし
［味わい］まろやか(甘みさえ感じる)
［喉ごし］やわらかく、まろやか
［後　味］やわらか
［苦　味］弱
［キレ、コク］中間

ビール

モルツ 丹沢水系

原材料/麦芽・ホップ
アルコール分/約 5%

［立ち香］なし
［含み香］なし
［味わい］まろやか。ガス圧は少し低い
［喉ごし］やわやか
［後　味］まろく、さわやか
［苦　味］弱
［キレ、コク］中間

リキュール類	リキュール類	発泡酒	発泡酒

麦　風	スーパーブルー	マグナムドライ	ダイエット
原材料/ビール・麦焼酎・炭酸ガス含有 アルコール分/5%	原材料/発泡酒・麦焼酎・炭酸ガス含有 アルコール分/5%	原材料/麦芽・ホップ・大麦・糖化スターチ アルコール分/約5.5%	原材料/麦芽・ホップ・大麦・糖化スターチ・酸味料・クエン酸K・甘味料（アセスルファムK、スクラロース）・苦味料 アルコール分/約3.5%
ブレンド比率は不明。	サントリー製の発泡酒に麦焼酎をブレンド。比率は不明だが、泡立ちはきわめてクリーミィ。しかし、飲めない。	発売当初と比べて、変化している。オフ・フレーバーは微量。	添加物最多用。
〔立ち香〕なし 〔含み香〕なし。甘やかな香りと若干の香ばしさもあり 〔味わい〕まろやか 〔喉ごし〕まろやか 〔後　味〕まろやか 〔苦　味〕弱 〔キレ、コク〕中間	〔立ち香〕いきなりクリームコーン臭 〔含み香〕いきなりクリームコーン臭 〔味わい〕軽快 〔喉ごし〕軽快 〔後　味〕飲めない 〔苦　味〕弱 〔キレ、コク〕中間	〔立ち香〕なしに近い 〔含み香〕なしに近い。一部に緑茶系の香りも 〔味わい〕やわらか。まろやか 〔喉ごし〕スムーズ 〔後　味〕少し甘やかさが残る 〔苦　味〕弱 〔キレ、コク〕中間	〔立ち香〕なし。フローラルな部分もあり 〔含み香〕なし。フローラルな部分もあり 〔味わい〕粗い酸味が先行 〔喉ごし〕少し粗く、ひっかかる部分もあり 〔後　味〕エグ味あり。口中の香りは甘やか 〔苦　味〕弱 〔キレ、コク〕中間

これだ!この味 このビール 日本が世界に誇れるクラフトビール

常陸野《ひたちの》ネストビール NEST 茨城 木内酒造

ビールの本場ヨーロッパやアメリカのメーカーをも唸らせた国産ビールがある。木内酒造の常陸野ネストビールだ。現在、アメリカ約20州をはじめ、ニュージーランド、イギリス、カナダなどにも輸出している。

一次発酵タンク。
手造りビール工房でビール造り体験もできる。

「15年前にクラフトビールを飲んだとき美味しいと思わなかったですね。それがビールの原料(麦芽・ホップ)や歴史を知れば知るほど味覚まで変わってきました」と専務の木内洋一さん。

クラフトビールとは手造りビールのこと。日本では地ビールと呼ばれることも多い。大量生産のビールが主流である日本のビール市場だが、ネストビールはクラフトビールの典型だ。酵母も生きている。

日本酒醸造176年の伝統と技術を持つ木内酒造だが、ビールについてはまったくの素人だった。96年にビールの製造免許を取得し、ヨーロッパの本格ビールを目標に、英国産の麦芽・ホップを原料として上面発酵で醸造を開始。米国DME社から地ビール製造設備を直接購入した。日本では第1号機だった。

「清酒は、いいものを造ってもなかなか売れません。ビール醸造を開始して努力が結果になり、実りがあって楽しい。苦労はなかった。発泡酒、生、輸入ビールなどビールにもキーワードがありました。これからは工業製品としてのビールではなく、キーワードはクラフトビール。その手応えを感じています」(木内さん)

日本が世界に誇れる奥深いビール、ネストビール。名品だ。

(山中登志子)

NEST ビールのラインナップは、ペールエール・アンバーエール・バイツェン・スタウト・ホワイトエールなど。常陸野と呼ばれてきた茨城地方の名称に、蔵所在地の鴻巣の「巣」の英語 NEST を組み合わせたネーミング。キャラクターは森のフクロウ。

木内酒造 〒311-0133 茨城県那珂郡那珂町鴻巣 1257 TEL 029-298-0105 FAX 029-295-4580
kiuchi@kodawari.cc http ://kodawari.cc/top.html ＊清酒 菊盛も製造

清酒

本来の原料は、米・米麹のみ。純米酒・特別純米酒・純米吟醸酒・純米大吟醸酒のいずれかで、無添加原料のよさから生まれる上質な旨さが満喫できます。

この酒が飲みたい

ホンモノの清酒

■純米酒比率 100% 蔵元

神亀酒造神亀・ひこ孫、須藤本家郷の誉、富久錦富久錦、福光屋黒帯・加賀鳶、森喜酒造場るみ子の酒、吉田金右衛門商店雲乃井、秋鹿酒造秋鹿、加藤吉平商店梵……

■純米酒比率 90% 以上の蔵元

旭酒造獺祭、中本酒造店山鶴、利守酒造酒一筋……

■純米酒比率 80% 以上の蔵元

金の井酒造綿屋、名手酒造店黒牛、杜の蔵杜の蔵、山口酒造場庭のうぐいす……

【特徴】

＊原料は、米・米麹のみ
＊純米酒、特別純米酒、純米吟醸酒、純米大吟醸酒のいずれか
＊蔵元の良心･良識から吟味された原料のよさを満喫できる

清酒

この酒は飲めない

ニセモノの清酒

月桂冠・白鶴・日本盛・白鹿・松竹梅・黄桜・菊正宗・大関・沢の鶴・剣菱など代表的マス・プロ銘柄のアル添・糖添清酒

【特徴】

＊原料は、米、米麹以外に、醸造アルコール(廃糖蜜＝モラセス、さとうきびの搾りカスが原料のアルコール)、糖類(ぶどう糖・水あめ・米ぬか糖化液)、酸味料(コハク酸・クエン酸)、調味料(アミノ酸等L・グルタミン酸ナトリウム、味の素と同じもの)

＊一部の吟醸酒をのぞいて、大半の米・米麹は低精白米を使用

＊醸造アルコールで容量増し

＊純米酒と比べて３倍の水増し酒(三倍増醸酒)

＊石油臭がする紙パック入りもあり

『この酒が飲みたい』流 清酒の良質さ度合ピラミッド

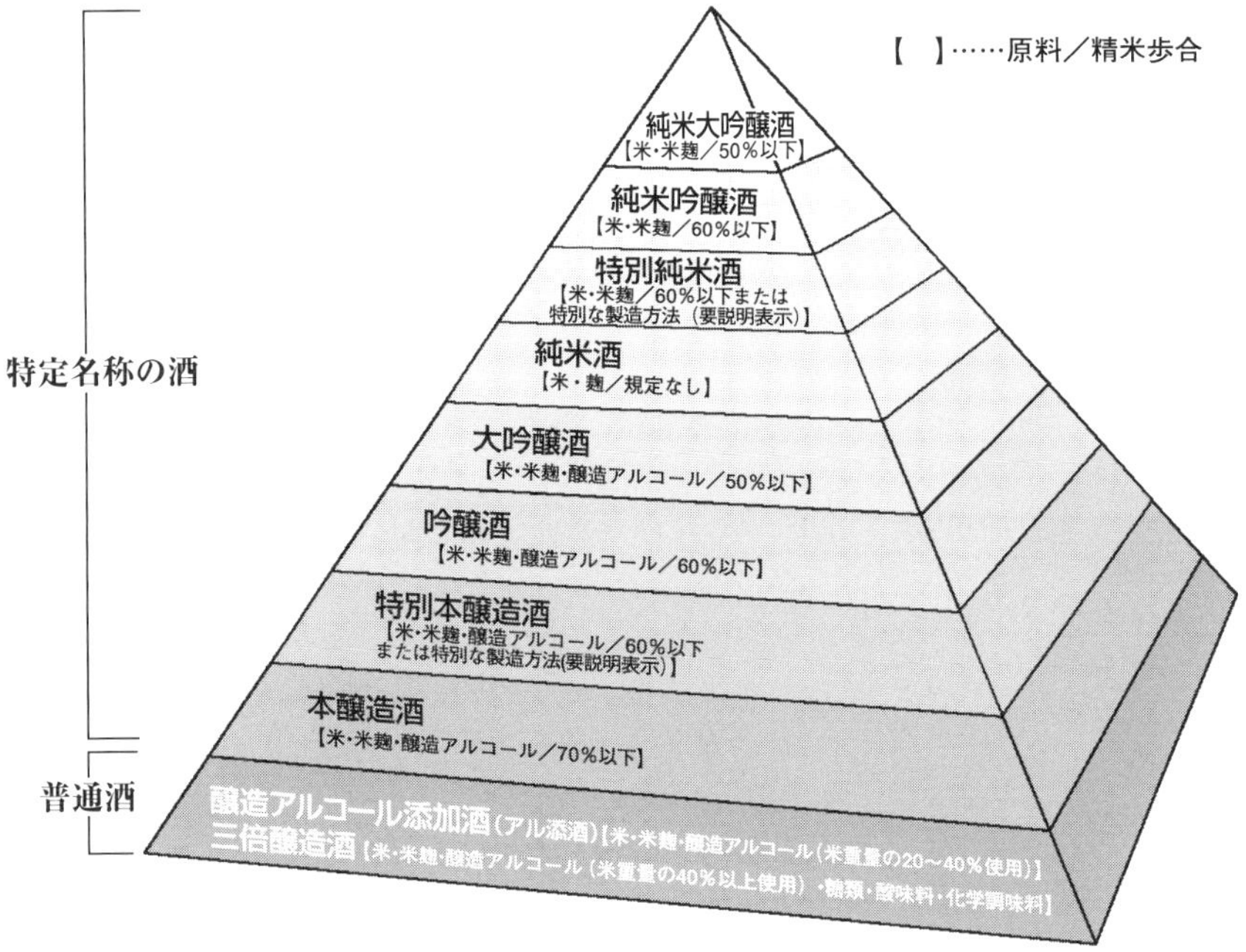

Q 清酒の種類はどう分類されるの？

A 清酒は造り方によって、純米酒（原料は米・米麹）とアルコール添加酒（本醸造、原料は米・米麹・醸造アルコール）に分けられ、それぞれの中で吟醸・大吟醸などと名称がついています。また、清酒は大きく分けて特定名称の酒と普通酒の2種類に分類されます。

特定名称酒には8種類あり、①純米大吟醸酒、②大吟醸酒、③純米吟醸酒、④吟醸酒、⑤特別純米酒、⑥純米酒、⑦特別本醸造酒、⑧本醸造酒。それぞれの特定名称のラベルを表示することが認められています。普通酒は、醸造アルコール添加酒（アル添酒）と三倍増醸酒（三増酒）に分類されます。

非純米造りの単なる大吟醸酒・吟醸酒・本醸造酒も含むアル添酒や三増酒を日本酒と呼ぶべきではないと思います。それらはあくまで清酒。日本酒とは純米酒のことです。

清酒 Q&A

Q 醸造アルコールとは？

A

清酒本来の原料が米と米麹であることは、戦前までは常識でした。ところが現在、清酒全生産量の89％がブドウ糖や水あめなどを添加しています。つまり、醸造酒に焼酎という蒸留酒を混ぜています。清酒の原料表示にある醸造アルコールの原料は、黒糖製造工程で生じる廃糖蜜（専門用語でモラセス）です。米とは無縁な原料で増量しているのです。ラベル表示は醸造アルコール。フィリピン、インドネシアなどでサトウキビを搾った後に残る廃液を発酵させ粗留アルコールに仕立て、タンカーで日本へ運び、協和発酵・合同酒精などが精製（クリーニング）し、酒造会社に納入しています（連続式蒸留機を使うため甲類焼酎に分類）。

醸造アルコールを添加する発端になったのは、極寒の地・満州（中国東北部）に進駐していた関東軍からの「ビンが割れずに飲める酒を造ってくれ」という要望でした。そこで25度の高アルコール酒を造ったところ、今度は「辛すぎる」という苦情が出たので、もろみにぶどう糖・コハク酸・乳酸・グルタミン酸などで補酸したいわゆる三倍醸造法（純米酒に比べて三倍にガサ増しが可能）が39年頃に考案されました。そして国内においても戦局悪化に連れて米不足が深刻となった43年の大腐造を契機として、三倍増醸法が製造効率や経済論理の名の下、米余りの現在も続き、灘・伏見を代表に巨大化したメーカーは膨大な利益を得つづけています。

しかし、〝技術〟の名に値しない終戦直後の原料米困窮時代の造りを60年後の余剰米にあふれる現代にまで伝承させる必要が、いったいどこにあるのでしょうか。そして、これによって覚えてしまった儲けやうまみの味を断ち切れない。これは清酒蔵にとって、切っても切れぬ〝麻薬〟と同じなのです。財務省・国立大農学部がアル添酒の「市民権確保」に躍起になっている理由がわかりません。どこか別の力が加わっているのでしょう。

回答者＝長澤一廣

「アル添は立派な技術だ」と答える技官もいれば、醸造学科教授が古酒研究会で「アル添のどこが悪いのか。江戸の昔から柱焼酎としてあったことであり、現代にまで技術の一つとして伝えられている」との発言を直接聞いたことがあります。

しかし、明治中期の文献によれば、家つき酵母（蔵内に自然に住み着いた天然の酵母菌）による生酛《きもと》や山卸廃止酛が大半を占め、木桶・低精白の米・分析技術も未発達の当時、腐造は避けがたいことでした。この失敗作かつ、失敗しかかったもろみを止むなく蒸留して焼酎を採り、それをほかの格落ちのもろみに柱焼酎として添加したのです。当然ながらその価値は低く、蔵の存続さえも危うくさせるほどでした。つまり、当時の蔵元や杜氏は柱焼酎を前提としての酒造りに臨んだ者はいないのです。

清酒蔵の中には、添加アルコールの原料を米とは無縁な廃糖蜜（モラセス）ではなく、米を原料としたモノに切り替えたいという意向を抱いているところがあります。その理由は、次の2つです。

①米のほうが相性がよい。②米・米麹・醸造アルコール（＝米とりアルコール）と表示したほうがイメージ的にもよい。そうならば初めから全量を純米酒にしたほうがシンプルで、主張にも一貫性が出るのではないでしょうか。また、市場価格（売価）の設定事情もありますが、米の品種、精米歩合の加減・調整で対応できるのではないでしょうか。純米であって当たり前という原点に回帰してもらいたいものです。

清酒 Q&A

Q 純米酒とは米だけの酒？

A 04年1月から純米酒の表示基準が変わり（「清酒の製法品質表示基準」の一部改正）、従来からの純米酒表示基準だった「精米歩合70％以下」が撤廃されました。米は3等米以上を使用し、精米歩合は80％以下。つまり玄米の外皮側を20％削っただけの米を原料とし、ほかに混ぜものがなければ「米だけの酒」との表示ができますが、容器の見やすい箇所に「純米酒ではありません」のただし書きを入れなさいというものです。「米だけの酒」のほうが純米酒より純粋さをイメージできるとの意見もあります。

しかし、まともな純粋清酒（純米酒）はわずか11％（『酒販ニュース』03年9月より）。国は米の銘柄を問わず、特等米から3等米までの範囲にしなさいとしているだけです。「～ではありません」の表記が精米具合の差を意味していると誰が見ても即座に理解できるような説明が必要でしょう。それにしてもまぎらわしい業界用語です。

Q 特撰、上撰、佳撰の表示は品質の目安になる？

A 目安にはなりません。清酒の世界で永きにわたって変な影響力を及ぼしていた「特」「一」「二」と表示した級別制度と同様に、品質の良・悪を裏づけるものでもなく、メーカー内部の単なる区分け用語にすぎません。旧来の級別制度は含有のアルコール度に対する課税額を「特」「一」「二」という記号にしたものに過ぎず、品質の裏づけのようにイメージさせ、誤認を生じさせ利用してきたのがメーカーと販売業者側です。同様に「特」「上」「佳」の表示にすり替えているのです。原料表示には無関心なのに、「2級しか飲んだことがない」「2級がいちばん」などと誤信した発言がいまだに尾を引いています。

また、数量的には減りつつありますが、無審査（無監査）表示された清酒もあります。これは課税基準に過ぎなかった旧来の級別審査を受けなかった清酒はすべて最低税額の2級表示で売ることになっていたのです。これには、級別制度に疑問を抱く蔵元が積極的でした。

Q　本醸造の「本」とはホンモノの意味？

A　違います。添加アルコールの量に一定の制限をしているということを示す用語にすぎません。

消費者の常識とズレている清酒業界の用語はいろいろありますが、これもそのひとつの例でしょう。このほかにも、無添加清酒でありながらわざわざ「純米」とことわり書きを入れている酒や、反対に混ぜものをしているのに「本」の表示をする酒などがあります。「吟醸・大吟醸」と表示するよりも、「甲類焼酎添加吟醸・甲類焼酎添加大吟醸」と書くほうがより適切な表示になるでしょう。

Q　清酒のラベルの見方は？

A　どんな清酒なのかを知るのはまず、ラベルを見ることです。

銘柄などが書かれたラベルには、原材料名（米、米麹、醸造アルコールなど）が表示してあります。米は原料米として別に表記する場合もあります。また、酒母の造り方（生酛、山廃、速醸酛など）、酒造りの最高責任者である杜氏の名前がある場合もあります。

アルコール度は通常15~16度。また、日本酒度を「＋」「－」の記号で示しています。これは元来比重のことですが、「＋」が辛さ、「－」が甘さの目安にも用いられ、その数値が大きいほど辛さや甘さが強いことを示しています。酸度は酒に含まれるコハク酸、リンゴ酸、乳酸などの総量。高いほどキレが明快です。アミノ酸度は数値が低いほどさらっとして端麗、高いとコクや重さを感じる濃醇な酒です。製造方法は、純米や吟醸造りなどの特定名称酒に表記されます（48ページ参照）。そのほか、精米歩合、飲み方、保存方法、ビン詰め年月日、醸造蔵元が明記されています。

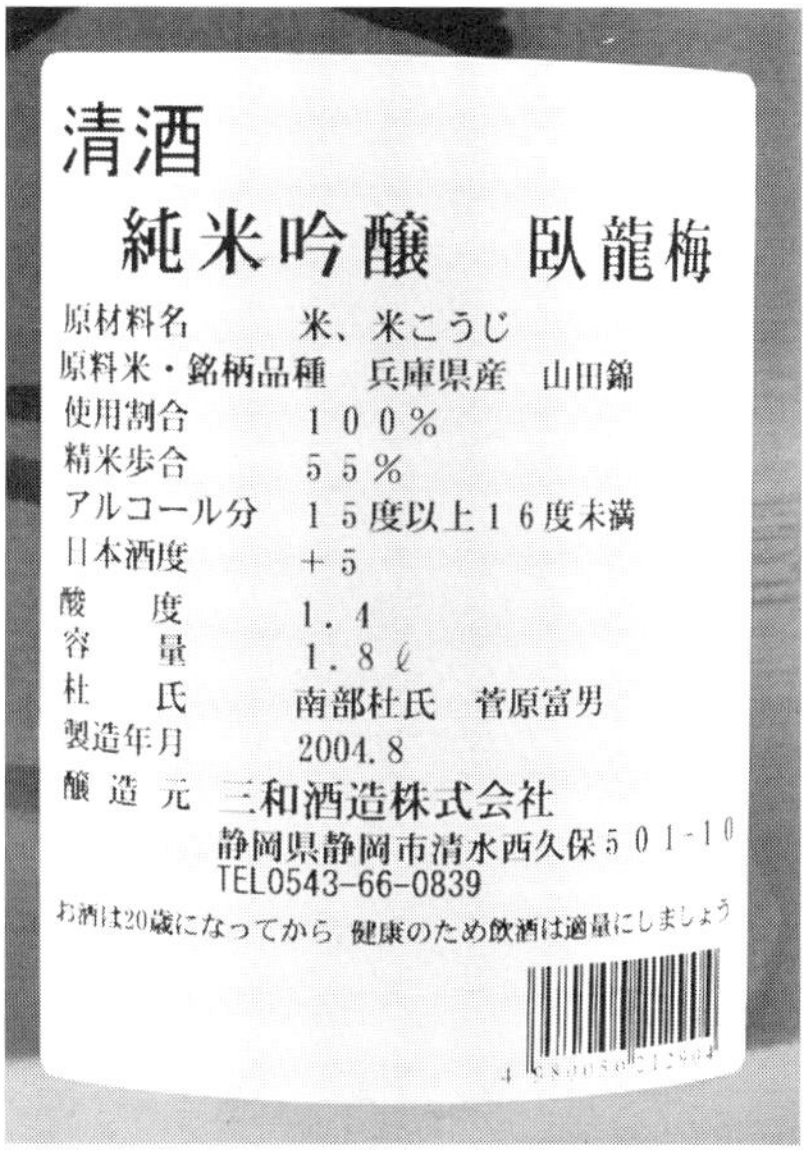

【清酒の表示】
容器の見やすいところに①製造者の氏名または名称／②製造場の所在地／③容器の容量／④酒類の種類および級別／⑤アルコール分／⑥原材料名／⑦製造時期／⑧保存又は飲用上の注意事項（加熱処理をしない清酒）／⑨原産国名（保税地域から引き取る清酒）を明記。「お酒は20歳になってから。」も記載されている。

Q 「金賞受賞蔵」酒はすごいの？

A 毎年5月に開催される「全国新酒鑑評会」で金賞を受賞したことを告知するタッグのことだと思われます。審査を行うのは、酒の新開発・改善・改良の研究・指導をする酒類鑑定官です。

「限定品」と銘打って720㎖4000円前後で販売する例があります。しかし、その蔵元の「金賞酒」はタッグが下げられた酒とは、決して同じではありません。というのも、受賞だけを目的に、特別に少量仕込み（最高値の米、最大値の精米、香りも目立ちやすい酵母など）をしているため、酒屋の店頭に並べられる酒の中身とは別物だからです。受賞蔵という表現は確かに誤りではないですが、あたかもその市販酒も金賞の対象となったかのような錯覚と誤認をさせるに充分な効果をねらったものといえます。

お客様から「静岡は銘酒どころ」と言われたので調べてみると、静岡県内の酒造組合が地元紙を利用して、取材記事風に全国新酒鑑評会の89年の数字「金賞受賞蔵12蔵」を強調していることがわかりました。90年以降の金賞受賞蔵は4～7蔵。年間４００銘柄以上の純米酒を唎酒しているわたしからすると、静岡県産の酒レベルは中の下。一部の業者が89年の数字を現在もイメージづくりに利用しているようです。

Q 生酛《きもと》や山廃とは何？

A 清酒は、酒米を蒸して麹を造り、そこに酵母と水、さらに蒸した酒米を加えて、発酵させます。流れは、酒米玄米→白米→蒸米→米麹→酒母(酛)→もろみ→清酒。お酒の主成分であるアルコールは、酵母の発酵によって生成されます。酒造りの〝もと〟になることから酛。また、お酒の母という意味合いから酒母とも言います。

その酒母造りの方法には2つ。①自然の乳酸菌(麹などについている乳酸菌)を利用した生酛系酒母を造る方法、②合成乳酸を利用した速醸系酒母を造る方法です。

生酛系酒母には生酛と山廃酛(山卸し廃止酛)があり、いずれも手間と時間をかけて力強い優良な酵母だけを純粋に育て上げる方法です。生酛は蒸米・麹・水を丹念にすり合わせる山卸し(酛摺り)を行います。このつらい作業を省いてやや簡略化したのが山廃酛で、１９０９年に考案されました。製造原理と酒質は生酛と同じです。仕込みから熟成まで約3週間かかります。味わいや深みがあり、酸がしっかりしています。

速醸系酒母も１９０９年に発明された酒母で、さらに手間を簡略化し、速醸用乳酸を添加して雑菌の増殖を抑えます。約10日間、高温糖化酛だと約1週間の短期間で仕上がります。

Q 生酒の特徴は？

A 通常、清酒は貯蔵前とビン詰め前に分けて二度、加熱殺菌(火入れ)が行われます。この火入れをまったく行っていないのが、本来の生酒です。
ところが、火入れを一回は行っている生酒もあります。貯蔵前に火入れを行っている生詰酒とビン詰め前に火入れを行っている生貯蔵酒です。「生」の文字だけを大きく書いている商品まで出回っていますからご注意ください。要冷蔵でキンキンに冷えた状態で提供することが多いため、うまい、まずい以前の「ただ冷たいだけ」で終わっていることがあります。
生ネタ主体の寿司店で生酒を売ることは、少し問題があります。生酒は加熱処理をしていませんから、香りの成分が豊かに含まれています。特にエステル香系は魚介類の生臭さを引っぱり出し、目立ちやすくします。たとえばマグロ、イカ、イクラ、鯵、生ガキなどを咀嚼し、生酒を放り込めば、即座にこれがわかるでしょう。寿司店では、生酒は似合いません。

Q 冷酒《れいしゅ》とはどんな酒？

A もともと冷酒と表示・表現する清酒はありません。冷やして飲めばすべて冷酒というだけのこと。生酒のことでもありません。また、冷や酒は常温で飲むという意味で、燗酒《かんざけ》の対語です。
お客様の好みに合わせたお燗は飲食店の得意技でしたが、吟醸酒ブーム以降、燗酒＝安価な酒のイメージができあがってしまい、冬でも冷やした酒を主体に提供するようになっています。暖房の普及も、燗酒で暖を求める必要性が失わせました。燗徳利を知らない家庭も増え、自然に燗酒から遠のき、そのうまさがわからなくもなってきているようです。

Q 原酒、濁り酒とは？

A 原酒とは、もろみを搾った後、まったく加水調整していないお酒のことです。加水しなければ、純米酒でも本醸造でも三倍増醸酒でも原酒の表示ができます。アルコール分は、18度から低温発酵させた13度までであります。

濁り酒は発酵が完了する前のもろみをそのまま粗こしした酒です。

Q　地酒とは？

A　特に規定はありません。灘や伏見などの大規模マス・プロ銘柄に対して、各地に所在する蔵元の酒を指し、地元の米・地元の水・地元の蔵人が醸す酒をも意味しています。特に米は地方色を打ち出す意味でも改良が重ねられ、良質米が多種生み出されています。

Q　日本酒に使われている米や水の特徴は？

A　酒造りに適した米のことを酒米といい、食用米を改良したものです。山田錦（兵庫、三重、福岡など）のほか五百万石（新潟、富山、石川、福井、島根、兵庫など）、美山錦（長野、秋田、岩手、山形など）など多数あります。一般にたんぱく質が少なく、吸水性が高い米を、酒造好適米と呼んでいます。

有機米については、単一農家だけでなく、地域全体が意識改革をして手掛けなければ確保が困難です。最近では精米歩合を70～65％程度で醸すものもあり、価格も１・８ℓ２５００円前後と身近なものとなりつつあります。

また、酒の醸造に使用される水は醸造用水といわれ、ミネラル分が多く含まれているものが使用されています。井戸などの自然湧水か、雪山や高山から流れ出る伏流水が酒造用水として利用されています。

純米酒

●アンケート●

純米酒にこだわる清酒メーカー10社

純米率80%以上の清酒メーカーに
アンケートをお願いしました。
本来の伝統的な日本酒造りでがんばっている
メーカーの声を届けます。

①純米率(%)
②純米率にこだわった蔵になろうと考えた理由
③不安などは?
④消費者に純米率１００%に移行する理由の説明と反響
⑤清酒はどのような方向に進むべきか?
⑥年間生産量の伸び(%)
⑦現在の純米率移行後、会社、社員、蔵人の皆さんの変化は?
⑧蔵のＰＲ
⑨そのほか
「純米造り」イチオシ銘柄
手頃な価格(１・８ℓ３０００円前後)の商品から選んでいただきました。

「純米蔵宣言」で
ごまかしがきかない酒へ

福光屋　石川

代表者名：福光松太郎
主な銘柄：福正宗／黒帯／加賀鳶／風よ水よ人よ／瑞秀／百々登勢

①100%

②アルコール添加酒が主流を占めるなか、福光屋では日本酒を本来あるべき姿に戻そうとの決意のもと、01年9月純米蔵宣言を行い、02年度の酒造りからは100%純米造りとなりました。生産量が万石単位の酒造メーカーとしては唯一の全商品純米造りです。

③米はアルコールの10倍のコストがかかることから、まずコスト面での懸念がありました。また、純米酒はアルコール添加酒に比べ、各プロセスの仕上がりが直接酒のでき上がりに反映されるため、ごまかしがきかない酒です。そのため、酒の品質に関して、より細心の注意をはらうことが求められました。

④『純米蔵宣言』という小冊子を作成、配布しました。消費者・酒造業界からは高い評価をいただいています。

⑤海外へ目を向けたグローバルな展開がさらに増える方向に進むと思われます。福光屋では主に香港、上海、アメリカ市場に進出しています。

⑥生産量自体は減少傾向にあります。

⑦純米酒は醸造アルコールを添加することによる味、風味の調整ができないため、ごまかしがきかない酒です。原料や各工程の状態に関して、今まで以上に神経を使うようになりました。

⑧01年の純米蔵宣言により、福光屋は新たなスタートラインに立ちました。これからは、いかに若者や女性から支持を得られる純米酒を造っていくかということが課題です。純米酒という基礎のもと、さまざまなシーンに合った酒造りというソフト面での開発を続けて行く方針です。

■加賀鳶　純米吟醸

【標準小売価格】2940円(税込)
【原料】米、米麹
【アルコール分】15.9度
【日本酒度・酸度】＋4　1.4
【原料米】山田錦60%・金紋錦40%
【精米歩合】60%
【使用酵母】自社酵母
【特徴】伝統の吟醸造りで丹念に仕込んだ純米吟醸酒。豊かに広がる吟醸香とやわらかくふくらむ米の旨味が生きた、キレのよい飲み口が特長。

〒920-8628　石川県金沢市石引2－8－3
TEL　076-223-1161
FAX　076-222-9343
cs@fukumitsuya.co.jp
http：//www.fukumitsuya.co.jp

①純米率(%)　②純米率にこだわる理由　③不安　④消費者への説明　⑤清酒の進むべき道
⑥年間生産量の伸び(%)　⑦社員・蔵人などの変化　⑧蔵のPR　⑨そのほか

飲む方の気持ちに訴える酒造り

森善酒造場　三重

代表者名：森善英樹
主な銘柄：妙の華／るみ子の酒／英

①100%
②私たち(蔵元)自身が純米酒しか飲めないこと。需要に従っていくと、自然にこういう形になりました。地元消費がもともと少なかったのも、手伝っていると思います。
③12年前に純米酒を信じて取り組み始めて以来、まったく不安はありませんでした。蔵も廃業しそうなところまで来ていたので、半ば死んだ気でいましたし、毎年々々貧乏はしていますが、今さら怖いものもありません。
④「もう添加物が入った酒を造るのはやめました」という説明のみです。当然値段も上がるので「すみません、すみません」と連発しましたが、かえって「それでええんとちゃう⁉」となだめてもらいました。
⑤個人的には純米の生酛系など原点回帰のほうに向いています。燗酒嗜好はもう少し続くかなと思います。冒険しながら、正統派のものへ落ちつくのではないでしょうか。
⑥2年前まで前年比20%アップ、昨年度からは横ばい状態です。
⑦とりたてて変化はありませんが、必然的に皆さん、純米酒しか飲まなくなりました。
⑧200石の少量をできる限りていねいに造っています。エアシューターもヤブタ式圧搾機も天幕式の製麹装置もないので、本当に大変ですが、めげずに手作業してることが誇りといえば誇りです。
⑨お米(無農薬)も作ってます。ゼロから物造りに関わるというのは大変で苦しいところも多い反面、とても貴重なことだと思います。飲む方の気持ちに訴えるお酒を造るのが目標です。

■英　特純生酛づくり

【標準小売価格】3675円(税込)
【原料】米・米麹
【アルコール分】15.8度
【日本酒度・酸度】+6　1.8
【原料米】無農薬山田錦（伊賀産契約米）
麹米60%精米歩合・掛米60%精米歩合
【使用酵母】協会6号酵母
【特徴】生酛造りと無農薬米という取り合わせ。味の奥深さと酒質の強さが真情。燗をつけると、さらに味わいが広がりをみせる。

〒518-0002　三重県上野市千歳41-2
TEL　0595-23-3040
FAX　0595-24-5735
fwkc 6398@mb.infoweb.ne.jp
http：//homepage 3.nifty.com/moriki/

より自然な酒造りを目指す

吉田金右衛門商店　福井

代表者名：吉田和正
主な銘柄：雲乃井

①製造に関しては100％です。
②こだわらなくなった結果、純米酒になりました。
④より自然な酒造りを目指す。
⑧風土の個性を体現できるよう全量地元産（県内産）の米での酒造りを行っています。自家精米も行っています。

■福雲

【標準小売価格】2048円(税込)
【原料】米・米麹
【アルコール分】15度以上16度未満
【日本酒度・酸度】+3前後
【原料米】華越前　麹米69%精米歩合・掛米69%精米歩合
【使用酵母】701号
【特徴】日常の晩酌として楽しめるように
やわらかく喉ごしのよい旨口タイプのお酒

〒910-3121　福井市佐野町21-81
TEL 0776-83-1166
FAX 0776-83-1167

真の日本酒を未来につなげたい

加藤吉《きち》平《べえ》商店　福井

代表者名：加藤団秀
主な銘柄：梵

①100％
②世界に通じる日本酒となる（純米醸造法）。
③不安はありませんでしたが、長い時間がかかりました。当蔵は全品、長期氷温熟成酒なので、熟成酒（長期貯蔵酒）を含めて、すべてが純米酒になるのに10年かかり、04年4月1日、ようやく純米酒宣言できました。
④醸造アルコールの原料はほとんど外国産です。時代が求める、無添加のお酒は、″安全・安心・健康・環境″にこだわることになり、大きい反響となっています。
⑤日本酒（清酒）もアル添酒を甲類、なしを乙類、そのほかとすべきだと考えます。
⑥年15％以上増加しています。

①純米率（％）　②純米率にこだわる理由　③不安　④消費者への説明　⑤清酒の進むべき道
⑥年間生産量の伸び（％）　⑦社員・蔵人などの変化　⑧蔵のPR　⑨そのほか

化粧しない素っぴんの純米酒を

秋鹿酒造　大阪

代表者名：奥佳明
主な銘柄：秋鹿

①100%

②日本酒本来の姿は純米酒であると思っている。

③徐々に純米比率が増え、全量純米に切り替わる前の年には、純米比率が80%を超えていたので、あまり不安は感じることはなかった。

④日本酒は本来、純米酒であって、戦後行われたアル添、糖添の経緯を説明して今現在、日本酒は当然純米酒に戻すべきものである。

⑤もちろん、純米酒しかない。しかし純米酒でもいろいろあるので、化粧しない素っぴんの純米酒でないと意味がないと思う。

⑥現在の製造数量が最大であるので(約1200石)、ここ数年は伸びていない。むしろ減石する予定である。

⑦ごまかしの効かない酒造りに一層、緊張感が増してピリピリとした空気が蔵に流れる。

⑧酒造りは、米作りから始まる「一貫造り」をモットーに、力強い米を栽培し力強い麹を造り、力強い純米酒を造る。近い将来、地元産山田錦(一部雄町を含む)100%の純米蔵を目指す。

〒563-0113　大阪府豊能郡能勢町倉垣1007
TEL　072-737-0013　FAX　072-737-0840

「純米造り」イチオシ銘柄

■純米吟醸
無濾過生原酒（槽搾直汲）
秋鹿

【標準小売価格】3150円(税込)
【原料】米・米麹
【アルコール分】18.0～19.0度
【日本酒度・酸度】＋4　2.1
【原料米】地元産山田錦100%
麹米60%精米歩合・掛米60%精米歩合
【使用酵母】協会901号
【特徴】コシのあるしっかりとした味わいに秋鹿独特の酸が生きている。

⑦安全・安心に対する気づかいができるようになってきました。

⑧一言で言えば、無添加の純米酒の本物の旨さにこだわって、めざす感動の酒。

⑨真の日本酒を未来につなげていきたいと考えています。食に関する製造メーカーとして、責任ある提案をして、消費者の皆様が当蔵の酒を飲まれることで、人生のすばらしさを実感していただきたいと考えております。

「純米造り」イチオシ銘柄

■梵ときしらず

【標準小売価格】2835円(税込)
【原料】米・米麹
【アルコール分】15.5度
【日本酒度・酸度】＋4　1.7
【原料米】福井県産500万石
麹米50%精米歩合・掛米55%精米歩合
【使用酵母】KZ10号（自社酵母）
【特徴】＋5℃5年熟成酒。すばらしい熟成香と色。ひやでコシがあり、ぬる燗で味深まる。日本酒党にとって「不知時」の酒。

〒916-0001　福井県鯖江市吉江町1-11
TEL　0778-51-1507（代）FAX　0778-53-1406
info@born.co.jp　http://www.born.co.jp

家庭でも楽しめる価格の純米を

名手酒造店
和歌山

代表者名：名手久雄
主な銘柄：黒牛

①89%
②100%を目指したわけではありませんが、売上げが伸びたのは純米系だけでした。戦略商品として価格品質のバランスの思いきった提示をしたので主力商品化しましたが、ほかのアイテムは顧客層からは忘れられていったのかもしれません。
③ありません。
④説明というかPRはしていません。客観的な数量化は知らせています。
⑤残念ながら当分需要縮少は避けられないと思います。基本的に食生活の欧米化の過度の進行と高級ワイン＝ステータスと捉えてしまう一部傾向、健康にいい酒？の種類についての不十分な情報の流布と流行に左右されやすい国民性等が背景にあると思います。
　清酒業界はアル添どうこうより利害不一致から糖化液使用の低価格酒等とまともな純米酒も同じ清酒とひとくくりに見られる表示基準しかつくれず、種類間競争の対消費者PRで後れをとりました。減っていっても本物は残ると信じて、良心的な純米酒に注力するしかないでしょう。
⑥0.1%(03年9月末)。01年頃半仕舞の蔵としては上限に到達。
⑦忙しすぎるのが欠点で、ここのところ金賞はまるで取れていません。ただ若い社員には高品質蔵のプライドというか、やりがい感を持てているようで士気は高い。
⑧製米機を2台据え、原料はすべて自家精米、平均58%精米歩合です。半仕舞としては限界(平均1.5トンで83本仕込む)付近におります。1.8ℓ2000円～3000円台に集中しており、県内比率は60%位で、このタイプの蔵としては地元比率が高い(田舎でも純米酒は売れる)。消費者PR用に酒造り資料館「温故伝承館」を併設していますが、観光酒屋ではありません。
⑨上原浩先生に「君のところは残念ながらまだアル添が何%かあるのが残念です」と言われましたが、先生は非常に尊敬しています。数年前蔵も大勢で見学いただけました。ただ、アル添すべてが悪いかについては私は疑問です。1.8ℓ1600円のお酒しか飲めない層は切り捨てることになります。現在100石程度地元用の普通酒と本醸造型の吟醸数本をたてています。特定名称比率で95%、戦略的には100%純米にしてしまったほうがはるかに格好いいのですが、そんなに目立ってどうするの？と考えてしまいました。しかし今後ますます100%に近づくでしょう。とにかく家庭でも楽しめる価格でどこまで本物の純米が

①純米率(%)　②純米率にこだわる理由　③不安　④消費者への説明　⑤清酒の進むべき道
⑥年間生産量の伸び(%)　⑦社員・蔵人などの変化　⑧蔵のPR　⑨そのほか

選択できるかに集中していきたい、これがこの蔵のテーマです。もうひとつは、ハンデ（酒造好適米が少ない）のある和歌山県の産地イメージ向上に貢献したいというコンプレックスからくる困難なテーマがあります。04年秋はこしき廻りをすべて入れかえ、最高の蒸米にするつもりです。

〒642-0011　和歌山県海南市黒江846
TEL　073-482-0005
FAX　073-483-3456
nategen@cypress.ne.jp
http：//www.kuroushi.com

「純米造り」イチオシ銘柄

■本生無濾過　黒牛
（表示は生酒　原酒）

【標準小売価格】2800円（税込）
【原料】米・米麹
【アルコール分】18.2度
【日本酒度・酸度】＋2　1.8
【原料米】山田錦／五百万石
麹米50%精米歩合・掛米60%精米歩合
【使用酵母】9号系
【特徴】10数年のロングセラー商品。当初に比べてずっときれいで飲みやすい。原酒なのでインパクト感とか飲みごたえは強い。

旭酒造　山口

代表者名：桜井博志
主な銘柄：獺祭

①97%
②別にありません
③ありません
④しません
⑤他社も含むことですから控えさせていただきます。
⑥10%
⑦ありません
⑧特別考えておりません

〒742-0422　山口県玖珂郡周東町獺越2167-4
TEL　0827-86-0120
FAX　0827-86-0071
webmaster@asahishuzo.ne.jp
http：//asahishuzo.ne.jp/

純米酒にこだわる清酒メーカーはこのほか、純米率100％蔵元に神亀酒造（埼玉）・須藤本家（茨城）・富久錦（兵庫）、90％以上の蔵に利守酒造（岡山）、80％以上の蔵に金の井酒造（宮城）・山口酒造場（福岡）があります（04年4月に調査）。

また、純粋な日本酒とは何かをテーマに日本酒のあり方について研究を重ねている「純粋日本酒協会」があります（73年発足）。米鶴（山形）、東力士（栃木）、澤乃井（東京）、七賢（山梨）、手取川（石川）、招徳（京都）、玉乃光（京都）、日出盛・桃の滴（京都）、酒豪・こはく（兵庫）、八重垣（兵庫）、御前酒（岡山）、賀茂泉（広島）、梅錦（愛媛）、冨の寿（福岡）、純天山（佐賀）、窓乃梅（佐賀）、朱盃（熊本）、薫長（大分）18蔵元が純粋日本酒協会会員です。

http：//www.junmaishu.com/

小さい蔵しか
できないことに徹する

中本酒造店　奈良

代表者名：中本彰彦
主な銘柄：山鶴

①77.2％
②③昭和30年代より未納税移出蔵になり、山鶴ブランドはほとんど消えてしまっていました。76年蔵の周りにニュータウンが開発され、このニュータウンの中で酒・米・灯油などの販売の小売をしていました。自分で御用聞きや配達する中でお客様と接し、また、未納税移出先の蔵の利益優先の方針に疑問を感じ、85年より奈良のパック酒のメーカーと一緒に当蔵で酒を造り、日本酒造りに疑問をもちました。

当蔵の杜氏もパック酒（大半は三増酒）造りと相手の社長の考え方（安く造れる酒ならなんでもよい、味なんかどうでもいい）に嫌になり、86年とうとうもうやめると言い出し、私も同じ考えだったので別に蔵を建て、高品質の酒だけ造ろうと杜氏と話し合いをしました。杜氏は本当に蔵なんか建てるとは思ってなく、「蔵が本当に建ったらまた来ます」と言って春に家に帰りました。いろいろな先生方に蔵の設計を相談したところ、相談したすべての先生が100％蔵建設に反対されました。しかし、篠田次郎先生は反対された中で、「吟醸酒・純米酒専門の蔵なら将来生き残れるかもわからない」というお話から純米酒・吟醸酒専門の蔵の設計という条件付のお返事をいただきました。初夏に着工し、夏に杜氏に蔵を建てることを話し、酒造りをお願いしたいことを頼みました。秋には蔵ができましたが、西坂杜氏は「そんな高い酒ばかりでは売れないのでは」と心配してくれました。しかし、自分のために蔵まで建ててくれたという思いで秋から一生懸命酒造りに励むようになりました。しかし、大手の未納税酒・パック酒の三増酒ばかり数十年造ってきた杜氏は、純米酒でも内緒でヤミ添加し、口当りをよくしたほうが売れると主張し何度かヤミ添加しようとしましたが、絶対お客様を裏切ることだけはやめようと毎日話し合い、本当の純米酒造りをしてくれるようになりました。

売り先もなかった蔵ですが、蔵を建てたという噂を聞きつけ、大阪の山中酒の店他4軒の地酒専門店様が来社し、私・杜氏を交えてこれからの方針を話し、蔵で醗酵中の醪（もろみ）を見てこの醪を搾ったなら5軒すべて売り出すと言っていただいた時には、私も杜氏も涙が出るほどうれしかったです。これ以後、この5軒の方たちとどんな酒が売れるのか、どんな所へ売ったらよいのかなどアドバイスをもらいながら再出発いたしました。

その後、5軒の方々の紹介など口コミで全国へ販売店が拡がっていきました。
④ほとんど「山鶴」で売れていなかったので、既存の得意先への説明はなしです。
⑤日本酒造組合中央会を分割、大手・安酒メーカーと純米酒中心の地酒蔵を別々の組合にし、焼酎の甲、乙類のようにアル添酒を清酒甲類、純米酒を清酒乙類などにはっきり分離すべきです。

「純米造り」イチオシ銘柄

■山鶴
超特選　辛口　純米酒

【標準小売価格】2940円（税込）
【原料】米・米麹
【アルコール分】16.5度
【日本酒度・酸度】＋15　1.7
【原料米】奈良露葉風　五百万石
麹米55％精米歩合・掛米55％
精米歩合
【使用酵母】K 901号
【特徴】辛口にして純米、キレのよさと豊かな味わいが身上

①純米率（％）　②純米率にこだわる理由　③不安　④消費者への説明　⑤清酒の進むべき道
⑥年間生産量の伸び（％）　⑦社員・蔵人などの変化　⑧蔵のPR　⑨そのほか

⑥03年販売量は100・3%と微増でしたが、在庫調整と04年の販売見込み数量を考慮し、前年比63%に減産いたしました。
⑦私の考えでは、先祖様が残してくれた資産を活用し蔵を立て直すつもりでしたが、不動産の値下がり、担保の見直しなど銀行から厳しい条件をつけられ、「他の蔵（奈良の）より米代が高すぎる」「もっと安い米で造れ」などと言われ、支店長と喧嘩したこともございますが、原料米だけは私の思いのまま現在に至っております。社員のリストラはかなり思い切ったことをし、ほとんどの社員が入れ替わりました。
⑧小さい蔵ですが、手間ひまかけて小さい蔵しかできないこと(たとえば全量冷蔵保存、ほとんどビン燗、急冷など)に徹して高品質の酒を目指します。

[注＝未納税移出蔵とは、大手マス・プロ銘柄の下請け生産をし、納品すること。その際の酒税は非課税扱い]

〒630-6131
奈良県生駒市上町1067番地
TEL 0743-78-0005
FAX 0743-79-0360
yamaturu@kcn.ne.jp
http : //www 1.kcn.ne.jp/˜
yozaemon/

酒は造るものではなく育むもの

杜《もり》の蔵　福岡

代表者名：森永和男
主な銘柄：黒田城大手門／杜氏の詩

①約85%
②本来の日本酒は純米酒であることと、飲んで、やはり旨く、食が進み、翌日楽であることがわかりました。
③米の旨みがあり、キレのよい酒質の探求と、価格のバランス。
⑤日本酒(純米酒)と清酒(純米酒を除く)が別であることの認識と、燗で美味しいお酒を積極的に醸造すべきです。
⑥100%
⑦飲む機会があれば　純米酒ばかり。
⑧酒は造るものではなく育むもの。伝統と古さを大切に、その上に立つ新しい息吹を求めて、筑後の穀倉地に豊かに実る稲と美しく澄んだ水により、杜の蔵ならではの旨さを究め続けます。
⑨地元の、米・水・杜氏(蔵人)で醸しています。

■黒田城大手門　純米吟醸酒

【標準小売価格】3150円(箱なし)（税込）
【原料】米・米麹
【アルコール分】15度
【日本酒度・酸度】+3　1.2
【原料米】山田錦
麹米50% 精米歩合・掛米50% 精米歩合
【使用酵母】協会9号系
【特徴】なめらかな美しい味わいの中に優しい香りとしなやかさを感じるお酒。少し冷やすか、ぬるめのお燗でお試しを。

「純米造り」
イチオシ銘柄

〒830-0112　福岡県三潴郡三潴町玉満2773
TEL 0942-64-3001
FAX 0942-65-0800
welcome@morinokura.co.jp
http : //www.morinokura.co.jp

原点は自然に学ぶ酒造り

寺田本家　千葉

代表者名：寺田啓佐
主な銘柄：五人娘

①100%
製成15BYより全量純米生醸造り
②「酒は百薬の長」と言われながら30年間、日本酒の消費は下がる一方。戦時中より始まった添加酒造りを廃し、自然の生命活動にもとづく、本来の伝統的な日本酒造りに戻らなければ、ガンや生活習慣病を癒すどころか引き金にもなりかねない。医食同源としての日本独自の食文化醸造醗酵である純米酒造りは、私どもにとって自然の流れでした。

③すべてがよろこぶ道に不安はありません。
④賛同していただいた。
⑤生産、製造、販売、消費の流れがお互いに顔の見えるオーガニックな関係になることを望んでいる。当然、酒母造りに手を抜かずに生酛がベース。麹菌・酵母菌の独自化、天然化。
⑥2%
⑦「本来の日本酒とは何か」を一人ひとりが真剣に真面目に自分のお酒としてとらえ、うれしく、楽しく、ありがたく仕事に精を出しています。
⑧「自然に学ぶ酒造り」を通して、いつも原点に戻って考え、積極的に古きに学び新しき道を指向し、精進してまいります。自然からのメッセージに耳を傾け、自然の恵みをいただきながら丹精こめて醸したお酒、一本のお酒を通して皆様に自然の恵みと心の豊かさを発見していただくお手伝いができたら……。それが私たちの願いです。
⑨機械化の進んでいる業界の流れの中で、本当に必要で大切なものは何かを問い直す作業を進めていきながら、自分たち自身がより自然に天然に素直に真面目になりたいと考えております。

■五人娘

【標準小売価格】2446円(税込)
【原料】米・米麹
【アルコール分】15.0～15.9度
【日本酒度・酸度】＋4
【原料米】麹米65%精米歩合・掛米65%精米歩合
【使用酵母】TE—1
【特徴】自然の旨み、米の味を生かした、酸味のきいたしっかりしたお酒。

〒289-0221　千葉県香取郡神埼町神崎本宿1964
TEL　0478-72-2221
FAX　0478-72-3828
info@teradahonke.co.jp
http：//www.teradahonke.co.jp

試してみて美味しかったら それは、自然の味だからです

寺田本家23代目当主 **寺田啓佐**さん

創業は江戸・延宝年間。寺田本家は３３０年の歴史を誇る老舗の蔵元だ。こだわりの酒は自然酒。原料米は無農薬、水は蔵内より湧き出る井戸水を使用。自然と共生するこの酒蔵が目指すのは、品評会で賞を取るための酒ではなく、健康な米の旨みを生かした味わいある酒造りだ。醸造アルコール添加を廃止し、04年には１００％純米造りの蔵となった。

「本来の酒は何かを追求してきました。信じた大好きな酒をつくりたい。だから勝ち組みを目指してはいません。素人だからできたのかもしれません」と語る寺田啓佐さん。25歳のとき寺田本家に「婿入り」した。日本酒とはまったく別の世界からの酒蔵入りだった。

20年前の寺田本家は酒の桶売りをし、醸造アルコール、糖類などを添加した三増酒・添加物入りの日本酒造りを続けていた。酒販業者は「10本に3本つけてサービスしろ」と強制してくる。しかし、大手酒蔵と同様にサービスを増やすと、利益は出ない。そんな無理を続ければ酒質を落とさざるを得ない。酒も売れない。

「蔵を閉じようかとも思っていました」

当時、体調を崩してしばらく療養生活を送っていた寺田さんは、反自然物や不調和の積み重ねが心身のバランスを崩していることに気づく。自然の摂理に学び、食育や造り酒屋の将来を考えた。

「本来の日本酒に立ち返ろう。百薬の長としての日本酒造り、健康に役立つ酒・ホンモノの自然酒を造ろう」

◆てらだ　けいすけ
1948年千葉県神崎町生まれ

現場に戻った寺田さんは、その思いを家族や蔵人に伝え、寺田本家の自然酒造りの挑戦が始まっていく。

まず、三増酒を全廃した。無農薬米を探して歩いたところ、1年目から農家と縁ができ、全量無農薬米を使った自然酒造りを開始。だが、米代が約3倍に跳ね上がった。そんなお米を使ってできた高い酒を買ってくれる人がいるだ

酒母造り。寺田本家では全量生酛造り。蔵元も見学できます。

ろうか。蔵人も反対した。

　大量生産酒の効率をあげるには、いかに米を安く仕入れるかと、機械化で人件費を安くあげるかにかかっている。寺田本家が目指したのはその対極だ。手間隙がやたらとかかる。かかりすぎる。「1年だけでもいいからやらせてほしい」とみんなを説得した。

　蔵元の熱い思いを伝えたいと、87年に醸されたのが自然酒「五人娘」だ。

「自然の力に学びました。飲んでくれた皆さんに支えられ、生かされるという信念がありました」（寺田さん）

　寺田本家は3年間で昔ながらの生酛造りに変えた。現在は無農薬・無添加で、全量生酛造り（54ページ参照）で醸し出している。生酛とは、天然の乳酸を育成して酒母を仕込む江戸時代からの伝統的な製法だ。人工的に乳酸を添加する速醸造りが日本酒の世界では〝常識〟となっているが、寺田本家は自然の乳酸菌が乳酸をつくるのをじっと待つ。乳酸やアミノ酸が多く、香りも複雑でコクがある酒ができあがる。

　「生酛造りが本来の姿です。合成乳酸を入れる速醸は、自然の摂理を無視した即席造りです。お酒もどきができてしまう。殺菌消毒しているのでは微生物にとって心地悪い。いい働きをしてもらうには、心地よい住処が大切です。人の手が加わるほど、本来持っていたはずの力が失われていくように思います。米も水も自然から離れてしまっています」（寺田さん）

「5人も娘がいるから（お嫁に）持っていって」という意味もある「五人娘」。メッセージには、「試してみて美味しかったら　それは、自然の味だからです」とある。

　しっかりした酸に裏づけられた濃醇な味わい。いま流行りのさらりと喉元を通りすぎる淡麗な酒とはちょっと違う。力強く幅がある。

「かわいがってほしい」と寺田さんは言う。

（山中登志子）

寺田本家のお米作り。農薬や化学肥料は一切使用せず。

郵便はがき

料金受取人払

落合局承認

235

差出有効期間
2006年5月14日
まで

郵便切手は
いりません

161-8780

（受取人）

東京都新宿区下落合

一―五―一〇―一〇〇二

コモンズ

行

お名前	男・女　（　歳）
ご住所	
ご職業または学校名	ご注文の方は電話番号 ☎

本書をどのような方法でお知りになりましたか。

1. 新聞・雑誌広告（新聞・雑誌名　）
2. 書評（掲載紙・誌名　）
3. 書店の店頭（書店名　）
4. 人の紹介　　5. その他（　）

ご購読新聞・雑誌名

裏面のご注文欄でコモンズ刊行物のお申込みができます。書店にお渡しいただくか、そのままご投函ください。送料は380円、6冊以上の場合は小社が負担いたします。代金は郵便振替でお願いします。

読者伝言板

今回のご購入
書籍名

ご購読ありがとうございました。本書の内容についてのご意見、今後、取り上げてもらいたいテーマや著者について、お書きください。

＜ご注文欄＞定価は本体価格です。

地球買いモノ白書	どこからどこへ研究会	*1300* 円	冊
安ければ、それでいいのか!?	山下惣一編著	*1500* 円	冊
生きる力を育てる修学旅行	野中春樹	*1900* 円	冊
いのちって何だろう	村井淳志ほか	*1800* 円	冊
市民が創る公立学校	佐々木洋平	*1700* 円	冊
コドモの居場所	今野稔久	*1400* 円	冊
食農同源	足立恭一郎	*2200* 円	冊
みみず物語	小泉英政	*1800* 円	冊
有機農業が国を変えた	吉田太郎	*2200* 円	冊
利潤か人間か	北沢洋子	*2000* 円	冊
危ない電磁波から身を守る本	植田武智	*1400* 円	冊
化粧品成分事典	小澤王春 監修	*3600* 円	冊
〈増補3訂〉健康な住まいを手に入れる本	小若順一・高橋元他編著	*2200* 円	冊
ぼくがイラクへ行った理由《わけ》	今井紀明	*1300* 円	冊

焼酎

とうもろこしやビート、各地特産のでんぷん質を多く含む穀類(麦、芋、米、そば)や黒糖、タイ米で、肉厚・芳醇な焼酎、泡盛が堪能できます。

この酒が飲みたい

甲類焼酎（ホワイト・リカー）

ホンモノの焼酎

アーマー(とうもろこしリカー)、霧のサンフランシスコ、パリ野郎……

【特　徴】

＊甲類とは、連続式蒸留機で蒸留した焼酎
　原料の種類は問わない
＊原料は、とうもろこし、ビート(さとう大根)などの純粋原料

この酒は飲めない

甲類焼酎（ホワイト・リカー）

ニセモノの焼酎

大五郎、ビッグマン、ヒットマン、すばる、大樹氷、トライアングル、ワリッカ、どんなもん大、楽……
タカラ・合同・協和・サントリー・メルシャンなどのホワイト・リカー

【特　徴】

＊原料表示なし
＊さとうきびを搾り、黒糖製造工程で生じるコールタール状の廃液である廃糖蜜(モラセス)が原料
＊無味無臭品
＊大半は未熟成品
＊チューハイ、ブランディ、国産ジン・ウオッカ・テキーラ・ラムのベース、リキュール・清酒の増量用ベース
＊ブラジルの代用ガソリン「ガソホール」と同種
＊石油臭がする紙パックやPET容器入りもある

この酒が飲みたい

乙類焼酎（本格焼酎と泡盛）

ホンモノの焼酎

■沖縄の泡盛／瑞泉、多良川、久米島の久米仙、忠孝、咲元……
■長崎県壱岐島の麦焼酎／山の守、猿川、天の川、壱岐、壱岐の華……
■福岡県の麦焼酎／天盃、豪気……
■熊本県の米焼酎／文蔵……
■鹿児島・宮崎県の芋焼酎／蔵の師魂、真酒、玉露、宗一郎、紅椿、八重桜、桜島……
■奄美大島の黒糖焼酎／龍宮、えらぶ、朝日、長雲……

【特　徴】

＊乙類とは、単式蒸留機で(ゆっくり)蒸留した焼酎
　原料の種類は問わない
＊原料は各地特産のでんぷん質を多く含む穀類(麦、芋、米、そば)や黒糖など
＊沖縄の泡盛の原料はタイ米、3年以上熟成したものは古酒(クース)という
＊常圧蒸留法・長期熟成で、原料の個性を重視
＊肉厚・芳醇な酒質が堪能できる

この酒は飲めない

乙類焼酎（本格焼酎）

ニセモノの焼酎

いいちこ、二階堂が代表銘柄

【特　徴】

＊減圧蒸留法・イオン交換樹脂を多用
＊原料の個性が生かされていない
＊メーカー広告表現は「サラサラして軽い、飲みやすい」
＊添加物は砂糖とナツメヤシ(香りづけ)
＊大半はインスタント的な短期熟成かつ即「現金化」がねらい
＊石油臭がする紙パックやPET容器入りもある

Q

焼酎の甲類・乙類はなに？

A

酒税法で焼酎は甲類と乙類に分けられています。これは蒸留機のタイプの違いを意味しており、一般的には甲類は連続式蒸留機（アルコールそのものを製造するだけを目的。発酵もろみを連続的に供給し、生じる蒸留残液も連続的に除去する方式）、乙類は単式蒸留機（蒸留のたびごとに、新たに発酵もろみなど蒸留しようとする溶液を入れ、蒸留が終了したら蒸留液を除去する方式）で造られています。焼酎の質の良・悪とは無関係です。甲類は大量生産向け、乙類は少量生産向けに用いられています。業界では、甲類焼酎をホワイト・リカー、乙類焼酎を本格焼酎と称しています。沖縄の泡盛も乙類焼酎です。

本格焼酎は九州・沖縄を本場とし、芋・麦・米・黒糖などの特産穀物を表示しています。本格焼酎には2つの蒸留方式があります。ひとつは伝統的に用いられてきた常圧蒸留法、もうひとつは75年頃から広がった減圧蒸留法です。

減圧蒸留法で造られるのは、「軽くて、飲みやすい、フルーティー」とうたわれている焼酎です。蒸留機内部の圧力を真空ポンプで0・1気圧に減圧すると、もろみは45℃で沸騰して蒸留され、雑味成分が少なくなります。換言すれば原料成分が充分に出きらないため、端麗系のソフトな味わいが生まれるのです。昨今の焼酎ブームの先導役を果たしてきましたが、常圧蒸留法の濃厚な味わいにも回帰が始まり、常圧に切り替えた蔵も出てきました。

消費者がもっとも知りたいのは、蒸留方式（常圧・減圧）と濾過材ですが、ともに表示義務は課されていません。

Q

焼酎の原料の違いは？

A

原料には特定や制限はありません。甲類焼酎は、廃糖蜜（モラセス）が大半を占めています。ごく一部に、純粋原料のとうもろこしやビートを用いているメーカーもあります。

焼酎 Q&A

乙類焼酎は麦・芋・米・黒糖、沖縄の泡盛はタイ米を使用しています。長崎県壱岐島の麦焼酎は大麦と米麹です。壱岐島は気候も温暖で米作りの最適地でしたが、年貢として上納を義務づけられており、やむを得ず麦を主食としてきました。このため麦焼酎造りが発達してきました。

　このほか「村おこし」的焼酎として、しそ・きび・コーリャン・クマザサ・トマト・ぎんなん・えのきだけなどもあります。これらの大半は香味付けで、ベースは米です。

Q 芋焼酎はからだによいの？

A 確かに話題になっているようですが、特別に芋だけが突出しているのではなく、たまたま芋焼酎の研究を手懸けている方が多く、その情報量もほかの焼酎に比べて自然に多く流されているというだけです。ほかの研究が進めば同じようなことになると思います。

Q 第三次焼酎ブームとは？

A 過去にも焼酎ブームがありました。70年以降に一度、このときの主役は甲類焼酎。しかし、ウィスキーの水割りとハイボールに負けました。二度目はアメリカのウォッカを主役にした白色革命（果汁とのミックスやカクテル）の影響で宝純が牽引役となり、チューハイブームが起きた時、バブルの頃です。そしていま、第三次焼酎ブーム。中でも鹿児島の芋焼酎に消費者の関心が集中しているようです。

　この予期せぬ事態で大分の某大手麦焼酎メーカーに異変が起きています。鹿児島の蔵元は、芋焼酎の仕込みが終われば工場は遊んでしまいます。そこで麦焼酎を造り、大分に原酒を供給（桶売り・未納税出荷）していました。鹿児島産麦焼酎に大分のメーカーラベルを貼りつけて、バーゲン・マス・セールスしていたのです。

　ところが、今回のブームのため芋焼酎の仕込みでおおわらわになり、麦まで手が回らない状態が

回答者＝長澤一廣

いまも続いています。麦焼酎の生産量日本一は大分県ではなく鹿児島県という裏には、こんな事情もあります。

「原酒がつきた」「熟成が足りない」などの理由で本格焼酎も出荷制限が続いている現場では、93年から中国産の冷凍芋まで使い、増産を始めました。待たせすぎが原因でそっぽを向かれ、設備投資したものの倒産寸前になった例もあります。この最中にブームということばが造り手から出はじめたので、もしかして谷に落ちるのが早いかもしれないという思いがかすめます。03年度の焼酎の出荷量は67万kℓで、清酒の63万kℓを超えました。

ポスト本格焼酎として次の市場に何が出てくるのでしょうか？　同じ蒸留酒仲間のウィスキーはサントリーが意味不明なハーフロックの名で仕掛けをはじめました。ブランディなのか、清酒なのか、ワインなのか。現時点では皆目見当もつきません。発泡酒やチューハイもそうですが、日本の酒質と日本人の味覚はボジョレ・ヌーヴォ同様に世界最低・最幼稚の酷評をまた浴びることにもなります。

また、中高年向けの月刊雑誌（『dancyu』『サライ』『PEN』など）に掲載されたいいことづくめの煽り記事を信じた、原料や造り方には無関心なラベルだけを飲みたがる人々の足元を見透かすようにインターネットオークションなどで10～15倍の価格で一本釣りをしています。1・8ℓ25度の芋焼酎に3万5000円もの大枚を費やすなら、30年もの以上のスコッチやコニャックで究極の旨さを堪能するほうがはるかに賢明です。

ワイン

ぶどうを原料にしたものをワインと表現しています。ぶどうの品種は世界各国多岐にわたり、その特徴を生かしながら醸しています。

この酒が飲みたい ワイン

ホンモノのワイン

■赤ワイン

＊世界中でフランス型ワインをつくっている。ぶどう品種も同様のものが多い

＊イタリアやスペインは独自の品種でつくっていることが多い

＊ぶどうの品種より

①カベルネソーヴィニオン種なら肉厚で濃厚な味(フルボディ)

②メルロー種なら肉厚、やわらか、まろやかな味(フルボディ＆メロウ)

■白ワイン

＊ドイツのリースリング、フランスのシャルドネ種など

■ガス入りワイン

アルコール度を高めるためにワインに砂糖を添加し熟成

＊シャンパーニュ：フランス・シャンパーニュ地方の特産スパークリングワイン。黒ぶどうのピノ・ノワール、ピノ・ムニエ、白ぶどうのシャルドネの３種が原料

■スペインのシェリー酒

ぶどうが原料、ブランディを加えたアルコール強化ワイン

■ポルトガルのポートワイン

ぶどうが原料、ブランディを加えたアルコール強化ワイン

■ベルモット

フランス、イタリアが中心。白ワインに薬草・香草を加え、さらにスピリッツを加えている

この酒は飲めない

ワイン

ニセモノのワイン

アサヒ・サッポロ・サントリー・マンズワイン・メルシャンなどの巨大メーカー品

【特　徴】

＊低価格な主力商品の大半は、輸入ワイン原酒をベースにしているにもかかわらず、「国産」として販売

＊原産地表示が不明確（マンズワインはこれらの明確化に努力中）

Q ワインを飲む前にすることは？

A 澱《おり》が生じやすいボルドー産の古い赤ワインの場合、飲む前にデカンタージュしましょう。デカンタージュとは、ビンの底に溜まった澱と上澄み液を注ぎ分ける作業のことです。グラスに注ぐ前にデカンターに移し替えます。ワインを空気に触れさせて酸化防止のために添加の亜硫酸塩（亜硫酸ガス）を気化させ、ワイン本来の香りと味わいを抽き出すのが目的です。4～5時間前に栓抜しておくのがよいでしょう。

白ワインは冷やしすぎに注意しましょう。冷やしすぎると酸味が強まるからです。逆に赤ワインは少し冷やすとよいでしょう。白と赤の最良の適温はほぼ同じで、15～16℃です。特に白は、温度の上昇につれて、香りと酸味の変化を楽しめます。また、栓抜き後すぐ飲む場合は、グラスをクルクルと回すことで香りが立ちあがり、味わいにまろやかさが増します。

Q 食べものに合ったワイン選びは？

A 料理の前に、これから飲むワインをひとくち飲んでみます。つまり、ワインに合わせて料理の味を考えるとよいでしょう。

食材との相性は、基本的には食材の色に合わせてみます。たとえば、野菜の色は白か緑が多いので、白ワイン。肉類は血の色だから赤ワイン。ただし、野菜料理に各種の香辛料（こしょう、オレガノ、セージ、ミント、ローズマリー、コリアンダー、赤唐辛子、チリパウダーなど）が加わるときは、赤に切り替えてみましょう。ピタッと合うこと請け合い。

また、「肉には赤、魚介には白」とこだわらず、自分流のワインとの相性探しをしてみると意外な発見があります。

ワイン Q&A

Q ワインを料理に使うときの選び方は？

A 赤ワインの渋味でもあるタンニンは肉や魚介の臭みを抑え、白ワインの酸味は料理の塩っけをやわらげる働きをします。

また、これから飲みたいワインを料理の隠し味として使ってみましょう。これは、味覚やおいしさの共通点を生み出すのが目的です。たとえば、パスタソース、肉の下ごしらえ、他の調味料と合わせた漬け込み液、煮込みや仕上げなどに振りかければ、相性面では最強の組み合わせになります。

Q 飲み残したワインはどうする？

A 開栓後3日は損色なく飲めます。4〜5日経つと、酸化して酸味が粗くなっていることに気づくでしょう。これを気にしなければ飲めます。あとは飲み残したワインを鍋に入れて火にかけ、アルコール分を飛ばし煮切りワインとし、冷えたら製氷皿に移して冷凍し、適時使うと便利です。

Q 無添加ワインはおすすめ？

A 世界中に流通しているワインには、品質保持のために二酸化硫黄(亜硫酸ガス)が添加されています。一方、国産の無添加ワインが発売されています。そのワイナリー(ワイン製造会社)は意図的に火入れ殺菌(加熱殺菌)をして、ワインの特性であるビン内熟成をストップさせるか、国産生ビールと同様にセラミックなどの超精密濾過剤でワイン酵母をはじめ腐敗の素になるモノを除去し、旨みまで取り除いてしまっています。

亜硫酸ガスは、早めに開栓し、空気に触れさせることによって気化しますので、心配はいりません。それにもかかわらず、無添加を強調しているとしたら、亜硫酸ガスの目的には一切言及せずに、「添加物がダメ」という消費者側の思い込みを利用した商法でしょう。

回答者＝長澤一廣

Q ポリフェノールはからだにいいの？

A ワイン、特に赤ワインに含まれているさまざまな成分のなかで、なぜかポリフェノールの抗酸化性が強調され、それが老化防止や心臓疾患を抑制できると宣伝されています。獣肉を主にチーズ・バターなどの乳製品を常食してきたヨーロッパ人のうち、フランス人が周辺諸国人と比較して赤ワインの消費量が多く、これはポリフェノールの効果だとワイン関係者が強調しています。あたかも即効があるかのようにです。でも、40～50年もの長い期間、赤ワインを飲み続けてきたフランス人が、周辺諸国人と較べてたまたま心臓病が少ないということにすぎません。

「ポリフェノールは心臓疾患とは無関係」としたイギリスの学者もいます。しかし、日本人はワインを飲まなくても世界一の長寿国です。このことをよく考えてみましょう。

Q 国産ワインといえば山梨産のぶどう？

A 山梨県東山梨郡勝沼町を中心に甲府盆地一体に広がるぶどう園では、8月上旬のデラウェア種を皮切りに、巨峰・ピオーネ・甲斐路・ネオマスカット、そして10月下旬までのベリーA種など8～10種のぶどう狩りが盛んです。そして、この地域には国産ワイナリーも集中しています。

ぶどう狩り園の売店に並ぶワインは、すべてそのぶどう園で採ったものでつくられたと思っている方も多いでしょう。しかし、生で食べるぶどう品種とワイン製造用ぶどう品種は、まったく別物なのです。「ワインの中身の大半が、生食ぶどうとは無関係、しかも輸入相手国名も明記していない外国産ワインを混ぜ込んだ商品」という事実に口を閉ざし、消費者に誤認させたままワインや干しぶどう（赤はカリフォルニア産、白は主に中国産）を売っています。次の数字がそれを証明しています。

■ワイン輸入原酒量＝1776万3194ℓ（02年）、1624万6903ℓ（03年）
■ぶどう搾汁量＝607万1282ℓ（02年）、669万6686ℓ（03年）
（『酒販ニュース』03年2月11日号、04年2月11日号より）

原酒の輸入先は、チリ・アルゼンチンなどの南米をはじめ、ブルガリア・ルーマニア・スロベニア・マケドニアなど約25カ国。それを手加工し、国産ワインとして国内市場に大量流通させていきます。ぶどう狩り＝甲府＝ワインのイメージを利用するつもりでわざわざ山梨まで輸入ぶどう搾汁を運ぶ必要も工場まで建てる必要もなく、海岸端にビン詰め工場があれば一件落着なのです。

隠し事が多い国産ワインの中でグレイスワインで有名な山梨・中央葡萄酒は、いろんな質問に適確に答えてくれる数少ないワイナリーです。また、大手メーカーの中でマンズマインは原産地表示の明確化に努力中です。

Q ボジョレ・ヌーヴォとは？

A フランスのボジョレ地区で栽培されたガメイ種ぶどうを原料にした赤ワインの新酒のことです。

フルーティ、やわらか、なめらかでジューシーな味わいのボジョレ・ヌーヴォの輸入量が依然として増え続けています。ワインを知らない初心者にも売りやすい、季節限定「旬の味」を強調できるなどが理由で、輸入業者がその量を競った結果です。

95年8万ケース、98年40万ケース、99年50万ケース、00年55万ケース、01年60万ケース、02年60万強ケース、03年71万７０００ケースを売り上げました。そして冷夏だった04年、フランスのぶどうのできは並にもかかわらず、74万ケース強の輸入計画で過去最高更新の見通しです。

この伸びが特異なのは、猫も杓子も赤ワインだった98年のブームが終わり、ワイン市場が縮小を続ける中での現象であり、しかもこの輸入量はアメリカやカナダを追い抜いて世界№1となったことです。熟成味の堪能を本質とするワインよりも、素人受けする未熟で半製品な味のヌーヴォがうまいとするのは、日本人の味覚の未熟さを世界中に知らしめてしまう結果にもなりました。

Q シャンパーニュとは？

A シャンパンと表現してきましたが、最近は英語読みから現地語読み化し、シャンパーニュと表記されるようになりました。シャンパーニュは、フランスのシャンパーニュ地方でつくられるぶどうを１００％原料に使った発泡性ワインの固有名称です。

世界中でシャンパーニュを手本としたワインが造られていますが、シャンパーニュの表示は許されないため、日本も含めて一般的にスパークリングワインと英語表記しています。イタリアはスプマンテ、ドイツはゼクト、スペインはカヴァ、シャンパーニュ地区を外れたフランス産はヴァン

ワイン Q&A

・ムスーと表示しています。日本の場合、「農産物の呼称に関する国際協定」への加盟が大幅に遅れていた間に、国産メーカー側が意図的に誤認誘導をし続けた結果、模倣ガス入りワインを「シャンペン」「シャンパン」と表現する消費者があとを断ちません。

シャンパーニュは、フランス北部シャンパーニュ地方の石灰質土壌の丘の斜面で栽培される黒ぶどう系のピノ・ワール、ピノ・ムニエ、白ぶどう系のシャルドネの三品種が主原料です。黒ぶどう系のブレンド率が高ければコク味豊かでしっかりした味わいに、白ぶどう系が多ければ軽快でエレガントな味に仕上がります。シャンパーニュ特有のうまさは、シャンパーニュ方式で生まれます。一次発酵終了後ブレンドし、そこへ糖分と酵母を添え、二次発酵へ移り1年半～数年間の熟成を施します。

豊作年だけ特別に造るヴィンテージ・シャンパーニュも一部輸入されていますが、現在のシャンパーニュは２５００社の醸造元とぶどう栽培農家、協同組合が手掛ける９０００余の銘柄と、ネゴシアン（ワイン商人）の自社ブランド３０００種の合計１万２０００以上の異種銘柄があり、しかも平均４タイプの商品を出しているため約５万種のラベルがひしめき合っています。このうち日本には約１００銘柄２１０タイプが輸入されています。

Q シェリー酒とは？

A スペイン南部アンダルシア地方が主産地で、主なぶどう品種はパロミノとペドロ・ヒメネス種です。発酵のとき、樽の上部に空間を残し、フロール（花）というカビのような白い膜が張るようになります。これがシェリー酒に独特の香りをつけるのです。熟成中の樽を下から上へ古い順に５段重ね、最下段から汲み出した分だけ、次の上段から順番に補充していく方法（ソレラ方式）で、品質の安定化を図っています。

ぶどうを原料としたブランディを発酵途中で加

えて、発酵を中断するタイプと、発酵終了後に加えるタイプがあります。前者は発酵を中断したことでぶどうの糖分が残るため甘口に、後者は辛口になります。ブランディ添加の目的はあくまでもワインの品質劣化防止で、この添加量によって甘口・辛口の差が生じても、これがうまさ・まずさに結びつくことはありません。

Q　ポートワインとは？

A　ポルトガル産のアルコール強化ワインのことです。北部のポルト港から輸出されたワインだけにこの名前がつけられています。ぶどうを原料にしたブランデイを添加して、アルコール度を高めたのは18世紀頃。イギリスへの輸出量が増え、その長い船旅での品質劣化防止が目的だったという説が有力です。

　発酵途中でアルコール（ブランディ）添加して、発酵を中断させ、ぶどうの糖分を残すので、そのほとんどが甘口です。シェリー酒と同じく、アルコール添加がうまさ・まずさに結びつきません。

Q　ベルモットとは？

A　発祥はドイツ。16世紀に、白ワインにニガヨモギ（Wermut）の花を加えて香りをつけたのが始まりです。現在はフランスのセートとシャンベリー、イタリアのトリノ、ドイツのハンブルグが主産地です。白ワインをベースに、白ぶどう果汁、砂糖、アルコール、ニガヨモギをはじめ数十種の薬草のアルコール抽出液を調合したものが、現在のベルモットです。色はカラメルでつけ、その量によって赤にも白にもなります。

ウィスキー

世界4大ウィスキーはアイリッシュ、スコッチ、バーボン、カナディアン。原料はモルト(大麦)やグレーン(コーン)、ライ麦など穀類。いずれも2~3年以上の熟成を各国政府が義務づけています。

ホンモノのウィスキー

世界4大ウィスキーの全銘柄：アイリッシュ、スコッチ、バーボン、カナディアン

一例として

■**アイリッシュ**（アイルランド島）

レッドブレスト、ミドルトン、グリーンスポット……

■**スコッチ**（スコットランド）

シングルモルトウィスキー：ザ・グレンリベット、グレンファークラス、バルブレア、スプリングバンク、アードベグ、カリラ、ラガヴーリン……

ブレンデッドウィスキー：ベル、ティーチャーズ、ホワイト＆マッカイ、バランタイン……

■**バーボン**（アメリカのケンタッキー州）と**テネシー**（アメリカのテネシー州）

バーボン：ブッカーズ、オールドエズラ、ワイルドターキー、ヘヴンヒル……

テネシー：ジャック・ダニエル、ジョージ・ディッケル……

■**カナディアン**（カナダ）

ワイザース、グッダハム＆ワース、クラウンロイヤルなど

【特　徴】

＊原料はモルト（大麦）、グレーン（コーン）など穀類
　アイリッシュは、大麦（モルト）・コーンなどを主体にした雑穀（グレーン）が主原料
　スコッチは、大麦単独か大麦とグレーンのブレンド
　バーボンとテネシーは、とうもろこし（コーン）が主体
　カナディアンは、ライ麦が主体
＊少なくとも3年以上の熟成を義務づけ（バーボンは2年以上で可）、品質も各国政府が裏づけし保証
＊現在の主力は12年以上の品

ウィスキー

この酒は飲めない

ニセモノのウィスキー

サントリー・ニッカ・メルシャン・国産地ウィスキーメーカーは、すべて本場(特にスコッチ)の模倣品

サントリー角、サントリーオールド、ブラックニッカクリアブレンド、サントリーリザーブ、スーパーニッカ、サントリーレッド、サントリーホワイト、ブラックニッカ、サントリートリス……

【特　徴】

＊模倣酒、インスタント品

＊原料表示はモルト・グレーン。本来の表示順はグレーン・モルト。グレーンは雑穀アルコールの意味

＊日本は熟成義務なし、国による品質保証もなし

Q 国産ウィスキーの特徴は？

A

日本のウィスキーは、熟成に関する法的規制がありません。また、酒税法では、モルト（大麦）あるいはグレーン（雑穀）・ウィスキー（原酒）を10％以上使えば、ほかは中性スピリッツ（リキュールなど素材の成分を浸漬するベース）でもウィスキーとみなされるのです。ホンモノのウィスキーは１００％ものです。

国産ウィスキー業界は、スコッチやバーボンという呼称が許されない安価で未熟成な若年原酒を大量輸入しています。熟成義務が課せられていない点をフルに生かし、グレーンアルコール（ウィスキーにあらず、主原料はコーン）を混ぜ込み、国産と称するウィスキーを大量にインスタント生産し、販売しています。

しかも、ラベルには輸入原酒原産国の表記もありません。食品に限らず、酒の世界も原酒の出処をトレーサビリティ（生産履歴の追跡）し、製造・熟成工程を情報開示すべきでしょう。ウィスキーの未熟成・若年原酒の大量輸入がはじまった60年から現在に至るまでの情報非開示が国産メーカーの莫大な利益の根源になっていることは明らかであり、もはや見過ごすことはできません。

Q 国産ウィスキーの表示は？

A

公正取引委員会は昔から「表示問題は業界の自主性に任せる」という姿勢を示してきました。しかし、この「自主性」はたいてい消費者の利益ではなく、業界にとって都合のよい内容になっているのです。

「もっとも使用量の多い順に表示する」という自主基準をつくり、実行している食品業界に比べ、国産ウィスキー業界は逆に少ないものから先に表示をしています。その理由を、ウィスキー業界は「イメージを損うのを惧れるゆえに『モルト』を先行表示したい」との要望を公正取引委員会が許したと説明しています。しかも、原酒の輸入先も１００％伏せたまま。

ウィスキーQ&A

国産ウィスキーが示すべき原料表示は、「グレーンアルコール・モルト」の順です。

Q ラベルにある「12」「17」の数字は？

A 国産ウィスキーのラベルにあるこの数字は、何のことかさっぱりわかりません。メーカー側がこれらについて積極的な発言をしたことは過去にもありません。公正取引委員会に質問したところ、「仮にメーカー側がブレンドしたウィスキーのうち、もっとも若い熟成のモノを示していると主張したところで、日本は熟成を義務づけていませんから、当然、国側はその裏づけや証明もしません。メーカー側が勝手に書いているということです」と答えました。同じ質問を国税庁にしたところ、まったく同じ回答を寄せました。

つまり、これらの数字もブランディのV.S.O.Pと同様に（94ページ参照）、意図的な誤認誘導といえるでしょう。

Q 世界4大ウィスキーとは？

A ウィスキー発祥の国としてアイルランド産のアイリッシュウィスキーがあります。アイルランド共和国と英連邦北アイルランドで造られるウィスキーで、麦芽にピート香（スモーキィ・フレーバー＝煙っぽい香り）をつけないため、モルトの香りを充分に堪能できます。3回の蒸留で舌ざわりのよい、華やかな味わいが楽しめます。

そして、スコッチウィスキー。グレートブリテン島北部のスコットランドで生産されるウィスキーで、ピート香が特徴です。

次に、アメリカのバーボンウィスキーおよびテネシーウィスキー（とうもろこし51%以上、大麦麦芽・ライ麦もライトからヘビーまで多彩）。ライウィスキー（ライ麦51%以上、大麦麦芽・とうもろこしもあり。マイルドでまろやか）、コーンウィスキー（とうもろこし80%以上、大麦麦芽・ライ麦もあり）もあります。あと5種ありますが、輸入されたことはありません。

回答者＝長澤一廣

最後に、カナディアンウィスキー。ライ麦51%以上に大麦麦芽などで造られ、甘やかな香りと軽快でマイルドな口当りが特徴。あと3種ありますが、輸入されたことはありません。

サントリーを代表とする国産ウィスキーはインスタント製品でありながら、日本製も入れて「世界5大ウィスキーである」と自称しています。

Q 日本のウィスキーの海外での評判は？

A 04年7月、イギリスで開催された国際酒類品評会で、スコッチの数銘柄とともにサントリー響30年が最高賞を受賞し、新聞などで派手な広告を打っていました。日本が03年に輸入したスコッチ、バーボンなどのウィスキーの量は、１２３５万８２９２ℓ（０・７ℓのボトル換算で２３３０万６４９１本）。一方、サントリーが04年度1年間で予定しているウィスキー輸出量は、たったアメリカ８００ケース（９６００本）、ヨーロッパ７００ケース（８４００本）にすぎません。

つまり「世界のウィスキーサントリー」のフレーズは、日本の中だけでイメージを作りあげたもので、世界中で受け入れられてはいないのです。また、原酒の出どころも不明な代物です。

サントリー発行『ウィスキィヴォイス２００２年9月～10月号』には、サントリーウィスキー響とカスク・オブ・ヤマザキのビン詰め作業を描いたイラストが出ています。20ℓ程の容器に柄杓《ひしゃく》と漏斗《じょうご》で詰めています。わずかな量しか売れていないためビン詰め、ラベル貼りはすべて手作業。イメージ先行主義の裏側の現実が見えます。

Q ウィスキーの飲み方は？

A ウィスキーは香りを立ち広げて愉しむ酒です。常温が最適です。蒸し暑い時節は小さな氷片を1個浮かべる程度で召しあがってください。オンザロックで飲むことをさかんに推奨してきたメーカーもありますが、ただ冷たいだけで、香りも縮まり、味覚も狂ってしまいます。

ブランディ

ぶどうやりんごなどの果汁を発酵・蒸留・熟成させたもので、ワイン生産国はブランディ生産国でもあります。基本的に、少なくとも３年以上の熟成を各国政府が義務づけています。

この酒が飲みたい
ブランディ

ホンモノのブランディ

■フランスのコニャック（第一等地のグランドシャンパーニュ産）、**アルマニャック**（バ・アルマニャック産）

■フランス（ノルマンディ地方）

カルヴァドス

■イタリア産

ヴェッキア・ロマーニャ・エチケッタ・ネラ……

■ドイツ産

アスバッハ……

■ギリシャ産

メタクサグランド、オリンピア……

■スペイン産

グラン・デューケ・ダルバ……

■アルメニア産

アララット……

粕とりブランディ

イタリアのグラッパ(GRAPPA)、グラッパ・ディ・バローロ、カルロ・ボッキーノ、グラッパ・ディ・モスカート、グラッパ・ディ・サシカイヤ……

フランスのマール(MARC)、マール・ド・ブルゴーニュ……

【特　徴】

＊ぶどう、りんごなどの果汁を発酵・蒸留・熟成させたもの

＊少なくとも3年以上の熟成を義務づけ、品質も各国政府が裏づけし保証。ただしコニャックは2年以上3年以下、アルマニャックは1年以上2年以下の熟成後、出荷

この酒は飲めない

ブランデイ

ニセモノのブランデイ

サントリー、ニッカ、メルシャンなどの商品は、すべて本場フランス製の模倣品

【特　徴】

＊各社の名称をつけ、ラベルに「V.O」「V.S.O.P」「X.O」などと表示

＊模倣酒、インスタント品

＊原料表示をしていない

＊日本は熟成義務なし、国による品質保証もなし

Q 国産ブランディの原料は？

A 国産ウィスキーと同様に、輸入若年原酒を使ってインスタント製造しています。もし、具体的に表示するなら「醸造アルコール・ブランディ原酒」か「甲類焼酎・ブランディ原酒」と表示すべきです。ところが、ウィスキーと同じ顔ぶれでもある国産ブランディ業界は、現在まで原料表示を拒否し、原酒の輸入先も伏せています。

国産ブランディも隠し事だらけなのです。国産ウイスキーと同様に、過去からのトレーサビリティと情報開示が必要です。

Q ブランディのラベルにある「V.O」「V.S.O.P」「X.O」は何？

A コニャックは、フランス西南部を流れビスケー湾に注ぐシャラント川沿いの地域が産地です。コニャックの業界では、消費者がその品質を見分ける指標として、ラベルに貯蔵・熟成の年数を示すマークをつけています。たとえば、☆☆☆（3スター）は熟成年数2年以上。「V.O」「V.S.O」「V.S.O.P（Very Special Oldpale）」「Reserve」は4年以上。さらに「X.O」は6年以上を示しています。

ところが、国産ブランディにはこれらの定義がなく、熟成不要とする国側はこれの裏づけをする義務もありません。国産メーカー側がコニャックの表示を引用しているにすぎないのです。メーカーは「V.O、V.S.O.P、X.O は商品名である」と強言していますが、これは明らかな誤認誘導といえます。

Q 国産ブランディは海外で評価されているの？

A 国産ウィスキーとまったく同じで、海外では酒として認められていません。○○○風、×××風というインスタント品は、日本が模倣洋酒の天国だからできることなのです。世界中を見回しても日本のような国はほかにありません。

ブランディ Q&A

Q コニャックの選び方は？

A

世界中のワイン生産国は、いずこもブランディ生産国にもなっています。

フランスのブランディの二大産地、コニャックとアルマニャックはぶどう畑の土質にも格付けを行い、品質維持を図っています。世界一の品質を誇るコニャックは、その土壌を6つに格付けしています。

①最上位の「GRANDE CHAMPAGNE」（グランド・シャンパーニュ）はデリケートな香りと豊かなボディを生むが、酒質が堅くその熟成に長い年月が必要。

②「PETITE CHAMPAGNE」（プティット・シャンパーニュ）は①に似ているか、個性は穏やかで、熟成が比較的早い。

③「BORDERIES」（ボルドリ）はコシが強く、豊満な酒質。熟成が早い。

④「FINE BOIS」（ファン・ボア）は若々しく、軽快な酒質。熟成は短期間ですませている。

⑤「BONS BOIS」（ボン・ボア）は風味が薄い。高級品にはほとんど用いない。

⑥「BOIS ORDINAIRES」（ボア・ゾルディネール）は上品さに欠け、大半が並酒のベース。

①と②だけをブレンドし、①の使用比率が50％以上のものは「FINE CHAMPAGNE」（フィヌ・シャンパーニュ）の表示ができます。酒質は①に比べてグーンとまろやかです。

Q コニャックのラベルを見るときの注意事項は？

A

「グランド・シャンパーニュ」の単独表記と「フィヌ・シャンパーニュ」の表記がないものは、3等地以下が主力であることを示します。その表示は単に「COGNAC」のみ。また、「GRANDE CONAC」「GRANDE FINE CONAC」「GRANDE FINE CHAMPAGNE」のように誤認を期待するような表示もあります。それぞれの頭にあるGRANDEは単なる冠詞にすぎません。

回答者＝長澤一廣

Q ブランディの飲み方は？

A ウィスキーと同じくコニャックも香りを立ち上げ、その広がりを楽しむ酒です。常温が最適ですが、水と氷は別のグラスに用意しましょう。グラスを手の平に抱えると体温でアルコール蒸気が揮発してツンと目を刺激するので、なるべく常温で飲みましょう。通称ブランディグラスは、手の平で温まってしまうのでワイングラスが最適です。

スピリッツ
リキュール
中国酒、みりんほか

スピリッツ(ジン・ウオッカ・テキーラ・ラム)

ジンはとうもろこし・大麦・ライ麦など、ウオッカは大麦・小麦・とうもろこし・じゃがいもなど、テキーラは竜舌蘭がそれぞれ原料。ラムは糖蜜を発酵させたお酒です。

リキュール

色彩が美しく、香りに優れるリキュールは「液体の宝石」と讃えられています。香味成分の主原料で薬草・香草系、果実系、ナッツ・種子・核系、特殊系に分けられます。

みりん

本来の原料は、もち米・米麹・本格焼酎のみ。１年以上の長期熟成で、天然・自然の香り、さわやかな甘さと旨みが生まれます。

スピリッツ(ジン・ウォッカ・テキーラ・ラム)
この酒が飲みたい

ホンモノのスピリッツ

■ジン　オランダのジュネヴァ、ドイツのシンケンヘイガー、イギリスのプリマス、フランスのエギュベルなど

■ウオッカ　ロシアのストリチナヤ、ポーランドのスピリタス、スウエーデンのアブソルート、アメリカのスミノフ

■テキーラ　すべてメキシコ産。クエルボ、アハ・トロ・アネホ

■ラム　パンペロ、アプルトン、マイヤーズ、ネグリタなど

【特　徴】

■ジン

発祥はオランダ。ジュニパー・ベリー(杜松《ねず》の実)をアルコールに漬け、蒸留したものが始まり。今も主産国のオランダとドイツの一部でこのタイプがつくられているが、現在の主流はドライ・ジン。とうもろこし・大麦・ライ麦などを原料としている。これに植物成分、特に香りつけのためにコリアンダー、シナモン、オレンジやレモンなどの柑橘系の皮や薬草等の成分を添加しているものもある

■ウオッカ

大麦・小麦・とうもろこし・じゃがいもなどが原料。蒸留後、白樺や椰子の活性炭で濾過。ロシアやポーランド産に、香味や果実原料のリキュールを添加したものもある。多様なカクテルのベースとなる

■テキーラ

メキシコの特産酒。原料は竜舌蘭だが、その中でもハリスコ州テキーラ町原産のアガベ・アスール・テキラーナという品種を使ったものだけがテキーラと名乗れる。未熟成品をホワイト・テキーラ、樽熟成品をゴールド・テキーラ、短期熟成品をレポサド、長期熟成品はアネホと呼ぶ

■ラム

西インド諸島(バルバドス島やジャマイカ、ガイアナ、キューバなど)が主産地。ライトラムは糖蜜を発酵させ、連続蒸留機でつくる。ソフトな香りとドライな味。ヘヴィラムは糖蜜を発酵させ、単式蒸留機で蒸留後、樽熟成を施した濃醇なタイプ。ミディアムラムはその中間的な香味

この酒は飲めない

スピリッツ（ジン・ウォッカ・テキーラ・ラム）

ニセモノのスピリッツ

国産のすべて

各社の名称をつけ、ラベルにジン、ウオッカ、テキーラ、ラムと表示

【特　徴】

＊甲類焼酎（ホワイト・リカー）をベースにそれぞれの香料、色素（カラメルなど）を添加

リキュール
この酒が飲みたい

ホンモノのリキュール

フランスとドイツを中心にしたヨーロッパ産

■薬草・香草系

パスティス、カンパリ

■果実系

キュラソー、クレーム・ド・カシス

■ナッツ・種子・核系

アマレット、コーヒー・リキュール

■特殊系

クリーム・リキュール、エッグ・ブランディ

リキュール
この酒は飲めない

ニセモノのリキュール

チョーヤの梅酒、キリン氷結、ハイリキ、スーパーチューハイ、旬果搾り、宝canチューハイ　ハイボーイ　グビッ酎　宝スキッシュ、徳島産のすだち酎……

マス・プロ品、国産リキュールすべて

【特　徴】

＊主原料の表示なし

＊甲類焼酎(ホワイト・リカー)をベースに、砂糖、香料、色素(食用青色1号・黄色4号・赤色40号、赤色106号など)を添加
　化学調味料(アミノ酸等L・グルタミン酸ナトリウム)で味つけ(徳島産のすだち酎など)

中国酒

この酒が飲みたい

ホンモノの中国酒

中国産酒：紹興花彫酒、桂花陳酒、杏子酒、芽台酒など

【特　徴】
■**白酒**：天津高粱酒(62度)、汾酒(53度)、茅台酒(53度)
穀類(コーリャン・米・小麦・豆類・とうもろこしなど)を原料にした無色透明な蒸留酒。中国産酒の80%近くを占める

■**黄酒**：紹興花彫酒(10年)、紹興酒(浙江省紹興が有名。5年)、加飯酒
うるち米、もち米、きびなどが主原料。原料穀物と麹のほかに米粉や薬草などを添加して発酵させた後、カメで長期間密封・熟成。まろみを備えており老酒ともいう

■**リキュール：桂花陳酒、杏子酒**

ニセモノの中国酒

永昌源の杏露酒(国産)……

【特　徴】
＊着色料、香料、糖類、酸味料、アミノ酸等で味つけ

この酒は飲めない

中国酒

みりん この酒が飲みたい

ホンモノのみりん

三河純粋みりん、三河有機米純粋みりん、白扇福来純3年熟成本みりん、甘強昔仕込み本味醂、福光屋3年熟成福みりん、杉錦飛鳥山……

【特　徴】
＊もち米・米麹・本格米焼酎をベースにした長期熟成の純良品
＊うま味成分が潤沢、少量使用でOK、冴える照りとツヤ
＊愛知県三河地方が主産地

ニセモノのみりん

タカラ、万上、富貴、相生など大手メーカー

【特　徴】
＊マス・プロ品
＊みりん風とうたった調味料もある
＊廃糖蜜アルコールをベースに、糖類(ぶどう糖・水あめ)を加えた短期熟成品
＊うま味成分が稀薄なので、大量使用につながる

この酒は飲めない みりん

リキュール みりん Q&A

Q 無添加の梅酒はおすすめ？

A

梅酒といえばチョーヤ梅酒が有名ですが、たとえば定番品であるチョーヤの梅酒の原料は、梅・砂糖・醸造アルコール・はちみつ。また、ウメッシュの原料は、梅・砂糖・醸造アルコールです(両方ともリキュール酒)。ともに酸味料、香料無添加とあります。ウメッシュは、国産梅を使った無添加の梅酒と宣伝しています。しかし、これらのベースとなっている醸造アルコールは廃糖蜜(＝モラセス、黒糖製造工程で生じる廃液が原料。クルマの燃料としてブラジルや欧米ではすでに使用、日本でもガソリンに混ぜて実験開始)という代物です。甲類焼酎(ホワイト・リカー)は１００％これであり、さらに清酒業界、国産ブランディ、リキュール、スピリッツのベースアルコールともなっています。

梅酒は、純粋みりんか本格焼酎、手頃な価格のフランス産ブランディで造るほうが賢明です。

Q 低価格な本みりんの中身は？

A

みりんも清酒の世界同様にさまざまな添加・容量増しが行われています。「１・８ℓ入３８０円」という本みりんが出回っていますが、主原料のもち米のほかに何が使用されているかを確かめましょう。

１・５kgの米から１・８ℓの濃醇な無添加みりんができあがりますが、タカラや万上など大手メーカー品は醸造アルコールと糖類添加して、４・５〜７・２ℓまで増量するのが一般的です。もち米の旨みは薄まり、結局、大量消費しないと料理の旨みものらないことになります。

純粋でまともな原料「もち米・米麹・本格(米)焼酎」を原料とした本みりんなら、少量で旨み・照りも豊かに発揮します。

回答者＝長澤一廣

無添加みりんで梅酒づくり

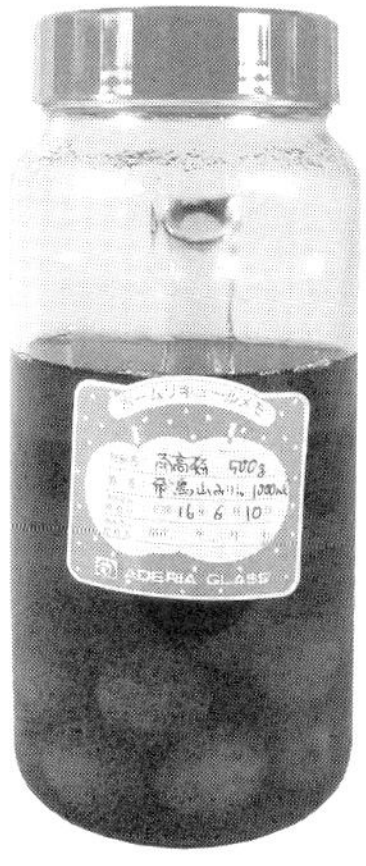

梅酒は 35 度のホワイト・リカーと氷砂糖を使わねば失敗する。いつの間にかこんな思い込みが蔓延しています。35 度のホワイト・リカーも氷砂糖も普段からほとんど売れない商品のひとつなのです。梅酒も実際には 20 度を超えるアルコール度であれば腐らず、糖分は台所で使う普通の砂糖類で大丈夫なのです。

25 度のとうもろこしリカーで、とろりとして肉厚・上品な甘味と梅の酸味が絶妙なバランスを生み、しかも常温管理までをも可能にした梅酒ができます。しかし、みりんでも梅酒ができます。みりんはもち米が原料ですから、この甘味をそのまま活かして漬けるので、ほかの砂糖分は一切不要です。

最近では 13 度の純粋みりんをおすすめしています。梅の酸味とみりんの甘さが生み出す絶妙なバランスと旨みは、一般的なホワイト・リカー漬けとは大差が生じます。

【材料】
梅、無添加みりん

【推奨品】
無添加三河みりん 1.8ℓ　2230 円（税別）

＊そのほか無添加みりんは 6 種類以上ある。

【梅酒のつくり方】
①梅をひと晩水に漬け、アクを取る。
②軽く水洗いし、ヘタをとる。
③ザルにあげ 2～3 時間水切り後、タオルなどで水気を取る。
④広口ビンに梅を入れ、みりんの液面が梅に充分覆さるように入れる。
⑤1 週間ほど毎日ビンを動かし、梅がみりんにふれるようにする。
⑥冷暗所に保管。
⑦2 週間に一度程度、ビンを軽く回して中身を撹拌する。
⑧1 カ月も経てば充分おいしさをたのしめます。

オンザロック、ソーダ割り、料理の隠し味に。

＊純粋みりんでつくった梅酒 三州梅みりん酒（360㎖、880 円税込、角谷文治郎商店 TEL 0566-41-0748）も市販されています。もち米の旨味・甘味をそのまま生かしており、砂糖を一切加えていません。自然の甘味の上品さはこの上なくナイーブで繊細。

（長澤一廣）

闘う酒屋の酒販雑感

これだけは伝えておかねば……
まともな原料の良質品を
「良識」とともにおすすめしたい。

久保田が求めた財産目録

10年ほど前のことです。新潟清酒久保田の取扱い交渉時に、開口一番、蔵元から発せられたのが「財産目録を提出せよ」でした。一瞬、耳を疑いました。

いままでずいぶん多くの蔵元と取り引きの交渉をしてきましたが、こんな例は初めてです。しかも、それは「絶対条件」とまで……。「理由と目的は何か」のこちらからの問いには一切答えず、「提出の意志がなければ拒否する」と一方的。

品代金の支払いについて一度も迷惑をかけたこともなし。売り手と買い手は常に対等だという思いからこちらも辞退。「取扱店は1市に1店のみ」という〝特約権〟を得たものの、その後は強制的に申告させられた年間販売契約数量をさばき切れない業者が続出。結局、全国各地で大手バーゲン・ディスカウンター店への横流しがはじまり、通常の2〜3倍の価格が横行しました。マスメディアでつくりあげられたイメージ広告を信じ込んだ消費者から指名買いが入り、原料は何かと問えば、チンプンカンプンという越の寒梅と同様の構図がここでもできあがっているのです。全国特約店会「久保田会」で「横流しには特約店の自覚を促す」との蔵元発言を業界紙が報じていますが、この状況はいまも何ら変わってはいません。

ちなみに、冒頭の財産目録云々は、ハイ・イメージ構築をねらってのこととは、後日談。久保田には電通、上善如水《じょうぜんみずのごとし》には博報堂がそれぞれ専従班を置いて、イメージづくりをしてきたのです。

（2001年2月）

イメージづくりに走るいいちこ

２０００年秋の唎酒会で、滋賀県酒問屋滋賀酒販が参加蔵元に出品酒についてのアンケートをしました。麦・米・芋などの本格焼酎には、①蒸留方法について ②イオン交換式濾過の有無を問いました。98％の蔵元が①は常圧あるいは減圧方式、②では有無を回答しているのに、大分のいいちこ（三和酒類）だけが①は単式蒸留 ②は出品の9種類すべて無回答でした。②を重視することは大切です。なぜなら、イオン交換材に石油系合成樹脂を使っており、通過するアルコール分がこれを溶かし、製品中にも混ざり込んでいることを常識としているからです。

いいちこは5段広告を『日本経済新聞』に、季刊誌『iichiko』に有名人のエッセイを載せて、サントリーのごときイメージづくりをしています。

しかし、麦焼酎の基本は長崎県壱岐島。中でも全工程手作業のカメ仕込・カメ熟成品はいまや貴重品となりつつあります。他地域のカメ仕込み品同様に大事に守り、育てることが必要です。

（２００１年２月）

サントリーV•S•O•Pのカラクリ

サントリー静岡支店に問うてみました。

——御社ブランディの表示にある「V・S・O・P」とは、フランス・コニャックに表示されている very special old pale(古酒になって、色が青っぽく落ち着いたの意)と同じ意味の略字でしょうか?

「はい、その通りでございます」

——間違いありませんか? 本当ですね?

「はい、まったく間違いのないモノです」

——念を押しますが、本当ですね?

「あ、あの、ちょっと待ってください。(電話口で何やら相談している様子)すみません。いま担当者がおりませんので、後ほど改めて…」

約5時間後、サントリー東京本社からの回答がきました。

「それはあくまでも商品名であって、コニャックでいう『V・S・O・P』とはまったくの別モノです」

——しかし、この表示は明らかな意図を持った誤認誘導ではありませんか?

「な、なんと言われようと、あくまでもこれは商品名です」

と、電話を切られてしまいました。

日本のフランス大使館商務部にも聞いてみました。

——日本製のブランディに示す「V・S・O・P」についてどんな抗議をしていますか?

しかし、これにはまったく回答がきません。実はこの話は15年前のことです。

ラベル表示がコニャックと同じだから同等品などと信じ込んではいけません。(2001年3月)

闘う酒屋の酒販雑感

抱き合わせを迫られた

芋焼酎の到着が遅れているので怪訝な思いで電話したところ、「人気商品ばかり買ってもらっちゃ困るんだよ。ウチはネッ、ほかの売れないモノと抱き合せで買ってくれる相手としか取り引きはしないことに決めたんだから」とのこと。抱き合わせの強要は「独禁法第19条一段指定10号」にもなるんだけどな。

それ以後、一切の取り引きを停止しました。

また、１９９９年11月１日付で次のような内容がＦＡＸで流されてきました。

《当蔵品はすべての設備が明治時代そのままの手づくり焼酎ですが、これを「こだわり焼酎・伝統焼酎かつ希少価値商品として打ち出し」と同時に「二倍に値上げをして販売を開始したゆえ卸売価格も同調してみては」との関東圏の酒屋グループからの誘いには当初戸惑い躊躇したものですが「一物二価」を避けたいので値上げに踏み切りました。しかし予定されている増税分は当社で吸収しますので了承してほしい》

——増税分の先取りをするということですか？

「い、いいえ、そんなつもりは…」

——しかし、ずいぶん都合のいい値上げの口実ですね。そんな安易な説明で愛飲者が納得してくれますか？

「とにかく12月１日からの値上げを決めましたので」

こんな値上げの理由を聞いたことがありません。以後、取り引きはすべて停止しました。

（２００１年３月）

「ひとときの客」たち

小泉首相の息子の孝太郎が発泡酒のテレビＣＭに登場とマスメディアを賑わしています。サントリーらしい採用の仕方です。国政の頂点に立つゆえの華を抱く父親がもし、失政でそれを失おうものなら、カメラとマイクは新たな〝華〟に向けられるのは常ですが……。

役所広司、中山美穂のファンだからキリン一番搾り、佐々木主浩のファンだからキリン淡麗、鈴木大地だからアサヒスーパードライ。日本のテレビＣＭのほとんどは、有名タレントを使ったモノになっています。「あのタレントが出ていたＣＭのあの商品」を求めた人は、それの効用や利便の特徴を理解しているわけではありません。しかも、その有名タレントが退場し、交代すると同時に、「あのタレントのあの商品」を求めた人も一緒に去ってしまいます。文字通り「ひとときの客」なのです。

商品には品質を誇る内容もないのか、現時点でもっとも目立っている人物・有名タレントのイメージにおんぶにだっこ。だから、不祥事でも起こせばメーカーはパニック状態に陥るのです。

（２００１年10月）

銀河高原ビールの台所事情

ブルーボトルで女性たちにもてはやされ、地ビール最大手になった銀河高原ビールが今期28億円の大赤字を出し、阿蘇と高山の2工場売却、生産縮小にいたったのは大手コンビニルートでの拡販が裏目に出た結果でした。その大きな理由として、説明が必要な商品なのに主力のマス・プロ非説明商品の中で埋もれ、発泡酒と中身も同程度と見られれば消費者も安きに走ってしまうでしょう。２・７倍の高さでは売れず、賞味期限切れの返品量が膨大であったのも原因のひとつです。ちなみに、親会社の東日本ハウスも今期１６４億３０００万円の大赤字に転落しています（追記：２００４年10月期の東日本ハウスの経常利益は20億円。しかし、子会社のビール事業は13億７０００万円の経常赤字と発表されています）。

ほかの地ビールメーカーも良質品をつくるために原料は全量外国依存・量産効果出ず・製造原価も高止まりのまま。珍しさが理由で一度は飲んではみたものの長続きせず、この不況下での消費は安価な発泡酒に流れているので八方塞がりといったところでしょう。俎上に乗りはじめた発泡酒のビール並み課税で、少し活路が開けるか否かはかなり微妙です。閉鎖・倒産・身売りといった苦しい台所事情が続いています。

（２００１年10月）

国産発泡酒は“スゴイ”技術？

サッポロファインラガー（原料「麦芽・ホップ・米・コーン・スターチ・糖類」）とアメリカ製発泡酒BEER（原料「有機麦芽・有機大麦・有機ホップ」）を唎酒してみました。

ファインラガーは、「グラスからの立ち香（立ち臭）がすでに不快。口に含み体温を伝えること5～6秒、とたんにムーッとして酸味を帯びた湿ってカビが生えた段ボール臭が一気に濃縮状態で広がる。喉を通過後、残り液の臭いがさらに膨張、充満し耐えられず味わうどころではない。直ちに水で口中を洗う。あってはならない臭いオフ・フレーバーのかたまり」。BEERは、「立ち香の中にホップ香あり。とろりとしてまろみを帯びた麦芽の香りも口中に広がる。まろやかな味わい。最後まで不快臭はなし」。

日本の醸造技術者の間では発泡酒を造りあげた技術は〝スゴイ〟となっています。本来なら麦芽１００％で造るビールをわずか25％未満（実際には17％程度かもしれない）で一見ビール風な代物を造ってしまったのだからという理由からです。ただし、ファインラガーとBEER両銘柄の差を技術者はどのように説明するのでしょうか。

発泡酒の対象は誰なのかを考えると、全消費者の80％を占める原料無関心層です。つまりアサヒスーパードライ、キリンラガー、サッポロ黒ラベルなど添加物を多用したあの味が大好きで不快臭も気にしない。安さを強調し煽れば簡単にノッてきます。市場シェアの争いもあります。より安価に白い泡が立つものをそれらしく仕上げ、80％の消費者が支持し、それをよしとしているのですからそれはそれで技術屋の面目も立つのでしょう。

1月早々、キリンの無添加ビール素材厳選が突然製造中止になりました。まともなビールがどんどん消えていきます。日本という国はドイツのようにすべてのビールが麦芽１００％のみとなるのはいったいいつの日か…。

（２００２年2月）

闘う酒屋の酒販雑感

忘れられない藤山寛美の発言

日本陸連は男子ハンマー投げの室伏広治（ミズノ）のテレビＣＭ出演などのプロ活動を承認しました（２００２年１月22日）。陸上では女子マラソンの有森裕子・藤村信子・高橋尚子に次いで４人目、男子では初めてです。そのときに発表したコメントは「競技者として責任ある立場になったと認めてくれたものと解釈している」でした。ＣＭ出演で大金を手にする夢が実現できるのでしょうが、社会におよぼす影響の大きさを考えたとき、軽々に企業の金儲けの手助けをするのは避けるのが賢明と思ってほしいです。責任ある立場とは、社会人としても良識のある行動をしなさいということでもあります。そしてその責任の大きさに目眩を感じてほしいです。

三菱自動車のリコール隠しが露見した当時、同社のイメージキャラクターだった有森裕子は一切の口を閉ざし続け、社会に対して唯の一度も詫びを入れませんでした。

作家・詩人・俳優・歌手・楽器演奏家・大学教授が国産大手インスタント・ウィスキーの広告に登場しています。彼らの本質・意識レベルもあの程度かと思います。ＣＭ出演のすべてを一生涯拒否し続けた関西喜劇大役者の藤山寛美（故人）の発言、「いったいその商品のどこを、何を保証できるのですか」がいまも耳から離れません。

（２００２年２月）

添加物酒が農林水産大臣賞

農林水産省に聞いてみました。

農林水産大臣賞受賞の必須条件とはなんですか？

市販の農水産物や酒類のラベルに、しばしばこの文字を見ることがありますが、原料表示にこんなにたくさんの添加物を使っているのに「なぜ、大臣賞」というものが多いのです。インターネットで同賞受賞の必須条件を検索したのですが、やたら項目が多くて適切な答えを見い出せず、結局、農水省あてにメールしたものの3週間経っても、まったくのなしのつぶて。ＢＳＥ問題でそれどころではないのかもしれません。

それで、過去の受賞商品・徳島県産のすだち酎（Ｌ・グルタミン酸ナトリウムで味つけ）を思い出しながら、わたしの行き着いた結論は、「地場産品を原料に過去になかった商品をつくり、新たな需要を生み出す功績を認められたモノ。しかし添加物などは一切不問」。

多分これが正解ではないでしょうか。

畜肉・魚介練り製品・野菜の漬け物などの該当品も、その原料表示を見るたびにギョッとするし、同時に先の「なんで？」となってしまうのがとても哀しいのです。

（２００２年８月）

闘う酒屋の酒販雑感

ソムリエ氏は格好の"広告塔"

ソムリエといえども単にワインと料理の精通者に留まらず、ほかの酒類についてもよく知ることが大切です。これを実践中の有名氏（田崎真也）。米、麦、芋の焼酎蔵・清酒蔵を歩き記事の中でも論評を書き添えていますが、「清酒は本醸造がいちばん好き」とのこと。もちろん人それぞれの好みですから他人がとやかく言うことではない。しかし、彼のこの増量アルコール添加清酒（アル添酒）を次のように擁護したのです。

「自称日本酒通はこれを〝アル添〟と嫌うが、日本の優れた技法から生まれた醸造法であり、本醸造はアル添をすることで酒の資質を安定させ、香りが変わらないようにしており、家庭でも保存しやすいと言う特徴があります」（『毎日新聞』２００２年７月４日付特集ワイド１）

江戸時代後期に発生した大腐造の立て直し策や第二次世界大戦時、中国の厳寒地・満州に進駐した関東軍からの凍らぬ酒をの要請などでやむを得ず、しかも暫定処置としてという歴史的背景があるのに問題意識はゼロのようです。

ましてや彼は「添加アルコールの原料が何であるか」にはいっさい言及せず。もし『日本酒と私』『いざ、純米酒』上原浩氏（鳥取県酒造組合技術顧問）の著書を読み、現状に疑問を抱けば「何で米とは無縁な廃糖蜜で造ったアルコールを使うのか？」に発展するはず。しかし、その気配どころか、逆に、行政側にとっては実に好都合な人物であり格好の〝広告塔〟という役割を与えられているようです。

旧大蔵省醸造試験場から国立大学農学部醸造学科へ繋がる一連の技術的基本は、アル添の容認・普及にあり、清酒のタイプ別図表には必ずアル添大吟醸酒をその頂点に立たせます。だが、心ある技術者や関連出版社は純米大吟醸酒を頂点に図示します。上原浩氏は

「潤沢にある米だけで清酒ができる現代でありながら、ガサ増し材のアルコールを、単なる添加物ではなく原料として、堂々と根を張り居座らせていることに、大きな問題がある」と強く指摘しています。

アルコール分は米を発酵させることで自然に生まれるモノです。もし軽快な口当たり、喉ごしのさわやかさを求めるなら、精米度を少し高めればよいのです。何もアル添で成分を稀釈し、ガサまで増やす理由などはどこにもないのです。

（2002年8月）

闘う酒屋の酒販雑感

落選するのは飲んでうまい酒

毎年5月に開催の全国新酒鑑評会に、異変が起きています。まず、①各府県ごとの予備審査が全廃となり手数料さえ支払えば技術レベル不問で、どの蔵も自由に出品ができるようになった（原料不問は従来通り）。②２００１年から審査員の年齢を50歳以下に制限をした。

特に②は審査結果を大きく左右させています。この世代の飲酒対象は、清酒ではなくビール・ワイン・チューハイです。つまり、清酒を日常としていない者たちが審査を担当した結果、じっくりと飲めるうまい酒ではなく、舌先一寸にチラッとふれただけの印象が強かったモノ。選ばれたのは新潟や東北などのキレイで薄く、香りがあってスッキリした酒でした。

唎酒のためによい酒が合格し、飲んでうまい酒が落選したのです。金賞受賞だけを目的に受賞回数を強調宣伝したがる蔵元は、合格しやすいように酒質の設計をやり直してくるのでしょう。

この金賞は市販酒とのかかわりはなく、わずかに２００ℓばかりの少量でしかもその99％がアル添大吟醸。こんなことよりその蔵の純米酒生産比率がはたして何％なのか、８％程度なのか、超60％なのか90％以上なのか、しかもその比率が毎年向上しているか否かがいちばんの問題なのです。

あなただけは間違いなく良質な酒を選び、うまさをじっくり堪能しているものと信じてやまないわたしです。

（２００２年8月）

買わされたスーパードライ

「すまんが、ここにおたくのゴム判を捺してはもらえんだろうか」

そう言いながら、一枚の紙切れを差し出した男性客。

――どうかなさいましたか？

「実は、会社命令でアサヒスーパードライを買わされる羽目になっちまって。いやになっちゃうよ。しかも、買ったことをメーカー側に証明させるための書類も提出しろって言うんだよ」

同様の客が4～5日続いたのですが、2日目からは「ゴム判は捺しますから、どうぞお好みの銘柄を」とすることにしました。

関連会社、下請け子会社の足許を見透かしたような、個人の嗜好にまで立ち入った、アサヒのやり方です。このことは6年経ったいまも忘れてはいません。

そしていままた同様なことが始まりました。

缶の意匠デザインでキリンと裁判沙汰になっていたサッポロの発泡酒ファインラガーが、売れ行き不振を理由に生産中止を決定しました。それと同時に、抱えていた大量の在庫をアサヒと同じく関連下請け業者に強引に押し込み処理へ。これじゃ、サッポロのイメージはいままで以上に悪化するのは当たり前です。


（2002年8月）

闘う酒屋の酒販雑感

ビールメーカー4社のジレンマ

市場シェア6割強を占有し、会社も営業もその態度・姿勢も横柄だったキリンビールの牙城を切り崩すべく、他の3社(サッポロ・アサヒ・サントリー)が共同戦線を敷いたのが1970年後半のことでした。それまで個々に選別していた大中小ビンの共通化を行い、現在もその協定は続いています。

しかし、1987年3月アサヒがスーパードライを発売した時点で状況が一変。キリンがじりじりとシェアを落としアサヒが頂点に立ったいま、サッポロ・サントリーの2社はアサヒを邪魔するどころか利に浴させる状況を残したままにいたっています。とりあえず対キリン協定を解消し、ビンは個々のマーク入りを自主回収。新たな対アサヒ共同戦線かと思いながら、同時にある悪夢も思い出さざるを得ません。

それは1957年4月、前年までビールは年率10~18%の伸びを示し、焼酎の宝酒造がこの年月にビール業界に進出しました。続いてサントリーが1963年4月にサントリービールを発売したのですが、1967年宝酒造は撤退。その理由はビン型にありました。タカラの商標を刻印したビンは、当時トップシェアのキリンと同型であったのが大誤算だったのです。キリンは同社専用のプラスチック製通箱(P箱)に誤入返却されてきたタカラビールのビンを宝酒造に返送するどころか、すべて破壊・粉砕したのです。

最低でも15回はリサイクル使用可能と踏んでいたモノがまともに戻らず、結局、宝側は後々まで新ビンを市場に投入し続けねばならなくなったのです。これが赤字の累積・膨大化となり撤退に追い込まれました。宝酒造にとっては正に悪夢そのもの。業界人は同じ轍を踏まないためにも簡単に忘れるわけにはいかないことだけに、アサヒの独り勝ちを苦々しくも横目で見ながらも、いま大きなジレンマに陥っているのです。

(2002年8月)

ベルギービールVS.日本ビール

２００２年５月19日から３日間開催した第３回テイスティング会のメインテーマは、サッカーＷ杯にちなんで「ベルギービール対日本ビール」でした。

国産ビールは無添加のサッポロヱビスとキリンハートランドを対抗馬に当てました。しかし、日時をずらし、その時々での最新製品で唎酒を繰り返したのですが、どうしても納得できないものでした。つまり、両銘柄ともにオフ・フレーバー（あってはならない異臭）が存在。やむなくメーカーから超最新品を直送してもらいましたが、これもダメ。いったいどういうことかとメーカーに説明を求めたところ、改めて品質検定の結果、「指摘を受けた通りの異臭があったが、それはわが社としては許容範囲内のものであり、問題として取りあげる予定はない」とのことでした。

やむを得ず、その時点でオフ・フレーバーが最少だったキリンビール職人とアサヒスーパーモルト、これにアメリカで品質に折り紙を得て輸出第１号にもなった茨城の地ビールＮＥＳＴ。それに加えて計11タイプでベルギービールに対抗しました。黙々と香りを嗅ぎ、口へ含み続ける唎酒会場のピーンとした緊張感はあとのビールをより美味なものに変えましたが、結果はベルギービールの勝ち。

それにつけても、有力対抗馬にしたかった先の２銘柄の生ガキ臭・紙臭、そして煮込んだキャベツ・クリームコーン臭は、流通業者の陽ざらし配送などに起因しており、これは消費者にとってはいい迷惑なのです。なぜならば、遠路ドイツから運ばれた下面発酵ビールベックスはこれがゼロ。この理由を国産ビール会社はどのように説明するのでしょうか。

（２００２年９月）

闘う酒屋の酒販雑感

スポーツとアルコールの関係

日本サッカー協会ではこのたび最高責任者・チェアマン（川淵三郎）の交代を決定したので、これを契機に新聞社を通じて以下のように呼びかけをしてみました。

「貴協会は、『冠カップシリーズ』で、酒類メーカーをスポンサーとして迎えいれてきたわけですが、スポーツとアルコールは本来馴染まず相容れない関係であるべきが良識であろうと思います。

幸い、たばこメーカーとも無関係の状態であるし、交代はちょうどよい機会ゆえ、前チェアマン氏がなしえなかった、酒類メーカーとの関係を断ち切ってみてはいかがでしょうか。予算不足でやむを得ずスポンサーとして受け入れていたのなら競技の規模を小さくすれば事足りるわけであり、他のスポーツ団体の手本としても、大きな意義があるものと確信しています。新チェアマンの明快な決断と良識を期待しています」

酒類メーカー名を掲げたユニフォームが走る光景を頻繁に見ることでその抵抗感はなし崩され、会社・自治会・学校・幼稚園開催の運動会、愛好クラブや競技会での缶ビール・チューハイにつながっているともいえます。そんな思いを込めての呼びかけであったですが、あえなくボツ原稿となってしまいました。

（２００２年10月）

田中康夫氏の質問をかわした

有名ソムリエ氏（田崎真也）が田中康夫氏（長野県知事）と「日本酒について」（『月刊BRIO』2002年10月号）で語っていました。田中氏が「スペインのシェリー酒やポルトガルのポートワインもアルコールを添加していますね」の発言に、「そうなんです。『アル添』することで美味い酒になっていく。だから一部の愛好家や酒販店が『アル添』を非難することはまったくおかしい、伝統技術なんですから」とソムリエ氏。

中世に入る頃から外国への輸出がさかんになると、気温の高いアンダルシア地方では航海中の腐敗を防ぐためにアルコール度を高めたワインが造られるようになりました。これがシェリー酒です。この添加アルコールはブドウを原料にしたブランディです。ポートワインも同様の理由でブランディを添加しています。

しかし、清酒のアル添は人間の命の値段より高かった米を原料にしていた江戸末期、頻発していた腐造酒の立て直し（価値は正常酒の10分の1以下）を目的に米焼酎を添加した歴史は確かにありますが、先の戦争中から現在にいたるその原料は米とは縁もゆかりもないサトウキビ。黒糖を造る工程に生じるタール状の黒い廃液・廃糖蜜を発酵・蒸留したモノです。これでガサ増し、薄めて「さらさらした飲みやすさ」をうたい、添加アルコールの酸化による比重変化でエステルなどの香り成分が目立ちやすくなり、いい香り＝美味いへと意図的に導いているのです。

（2002年10月）

闘う酒屋の酒販雑感

コンビニでビールがへたる

コンビニ最大手のセブン−イレブンとキリンとの共同開発ビールまろやか酵母を24本、冷蔵便で神奈川県から取り寄せました。キリンはこの開発に当たり、流通工程のすべてをチルド（完全冷蔵）で扱える業者であることを必須条件に掲げ、合意したのが２００２年7月11日。このビールは大麦麦芽と小麦麦芽の混醸、しかも複雑な味を生み出す上面発酵、そして無濾過（濁りビール）の生。ともなれば期待は当然のように大きくふくらみました。

コンビニから取り寄せたビールは製造日２００２年9月24日、入手日10月11日。到着から9時間冷蔵静置後、グラスに注ぎました。まずは立ち香を深く吸い込み嗅ぐ。けっしてフルーティではない。どこか小さく引っかかる何かがあるような気配。口に含み体温を伝えること5〜6秒、その味わいは少し複雑で悪くはない。しかし、喉通過後がひどかった。なんと、例外なしともいうべきオフ・フレーバー（あってはならない臭い）の行列。キャベツやコーンの煮汁臭、湿ったダンボールや地下室のカビ臭などが、ぞろぞろと這い出してきました。チルドのねらいや効果はどこにいったのでしょうか。これでは同社の発泡酒の悪臭と大差ないと言わざるを得ません。

セブン−イレブン店内の冷蔵庫の照明には、ＵＶカット（紫外線防止）の装置はありません。となれば四六時中あの明るさにさらされ続けたビールがへたるのは当然でしょう。もしかして、これは全面チルド流通の思わぬ落とし穴となっているかもしれません。久しぶりの美味さなのに、もったいなく惜しい感じです。

（２００２年11月）

発泡酒がコケたらチューハイ

低価格の発泡酒で自分の首を絞め続けたビール会社が、チューハイ市場に参入しています。いまここに出回る銘柄はなんと約40種。容器には果汁飲料と見間違えるような印刷。

ベースのアルコールは、マス・プロ甲類焼酎（連続式蒸留機での大量生産品）。その原料はサトウキビの絞り粕の廃糖蜜（韓国ではこれを酒類の原料には使ってないことを誇りにしています）。クリーニングしたこれに果汁を数滴、砂糖・香料・酸味料・着色料・酸化防止剤まで添加し、未成年者を隠れ本命ターゲットとしてねらっているとの指摘もやぶさかではありません。また、大学生の味覚もここに留まっているためか、「教養としての酒の話もできない」と教授を泣かせてもいます。

「甘い＝激辛＝うまい」が味覚を支配する原因はさまざまです。カップラーメン、練り肉製品を代表にL・グルタミン酸ナトリウムなどの添加物多用マス・プロ加工食品で始まる味覚の狂いが大勢を占めているようです。

来店した大学生には、酒選びのイロハを説明して、多くの参考資料を手渡しています。「へー、ぜんぜん知らなかった」が最初の言葉。聞く耳をもっていてくれたことだけで、こちらも少し救われる思いといったところです。

（2002年11月）

沖縄泡盛はヘンだ

何かありそう、どこかヘンだと薄々ながらの疑念を抱いたのが、１９９９年の秋です。泡盛の中でもある特定な銘柄だけに量目不足が目立っているのです。消費者の利益を守るためにもこれは公にすべきが得策だろう。

そこで酒類業界専門紙の精通記者に顛末を伝え、現場の事情に探りを入れてほしいとＦＡＸしたのが２００１年3月26日のことでした。

記者の多忙と重なったのか、手つかずのまま1年が経過。この間も依然として量目不足は続いていました。消費者問題を扱う県庁の窓口から清水市役所生活安全課計量係の紹介を得ました。係官は即座に検査を実施し、沖縄県計量検定所に通告。約１カ月間にわたる裏づけ調査の結果、17社の恒常的量目不足を確認のうえ公表（２００２年10月30日）。これにともなって、沖縄国税事務所は同県酒造組合連合会傘下の蔵元全社に改善を指導したのです。

その後、該当各社が提出した改善報告書の中で「量目不足品は責任を持って交換、あるいは弁償します」と表明しました。しかし、同組合は全国に向けて量目不足の事実の公表をなぜか、いまもってしていないのです。先の業界紙は２００２年11月21日付で量目不足の事実を記事化し、「全国の酒問屋・小売店（含む料飲食店）と消費者に対しての告知と情報の開示こそが先決である」と警告しました。

（２００２年12月）

まるで病人向けの発泡酒

ビール4社が今年(2003年)打ち出した新製品とリニューアル(ビールと発泡酒)があります。ビールの新製品はアサヒ穣三昧(ライスパワーエキス入り)、キリンクラシックラガー缶(中・四国限定)。発泡酒の新製品はアサヒスパークス(大麦フレーク使用)、キリンラガーブルーラベル(糖質50%オフ)、キリン淡麗アルファ(プリン体90%カット、小売145円)、キリン生黒(黒発泡酒、350㎖小売130円)、サッポロ鮮烈発泡・生(高炭酸ガス圧)、サッポロ生搾りハーフ&ハーフ(カロリー50%、糖質80%カット)、サッポロ北海道限定発泡酒(商品名は消費者投票)。リニューアルされた発泡酒がサッポロ生搾り(富良野産ホップ一部使用)、サントリーダイエット生(プリン体50%カット)

屑米の代わりにライスパワーエキスなる特許液を1ccほど混ぜたアサヒ穣三昧。発泡酒大好き人間がプリン体、カロリー、糖質だなんて気にしているとは思えませんが、◯××を何%カットの文字が並んでいます。これを健康志向と称したいようです。麦芽100%なら許せますが、もともと75%以上も添加物だらけの発泡酒のどこが健康なのでしょうか。

食行動科学の基本によると、離乳食から大人の味へ移行するに連れて子どもの頃から食べ慣れたモノを好きになると指摘しています。ハンバーガー、フライトチキン・チーズ・納豆・餃子・酢飯・梅干しの味など、幼児期に憶えた食べもので、その後の好き嫌いが決まってくるといいます。これと同様に酒の味を初体験、「20歳前後期に出会った酒質の良悪がその後の好みを支配する」と換言できるならば、最低質な発泡酒や紙パック酒の味に親しむことをやめさせ、逆に、まともな原料・まともな造りの酒の味、そして物差しと嗜み方を教えておくことは親の、周りの大人の責任でもありましょう。

(2003年2月)

闘う酒屋の酒販雑感

まともな酒が消えていく

2003年2月中下旬にかけて、まともなビールが突然、製造中止、終売となりました。キリンビール職人とサッポロカロリーハーフ。売れ行き鈍化が理由といいます。品質素材の粗悪化を交換条件に酒税軽減の恩恵を享受できるという法律を利用して生み出した発泡酒に精を出す一方で、本来のビールとは、という啓蒙を怠ってきたことも理由のひとつでしょう。

ビールのような琥珀色と白い泡、そして似た味を唯一のよりどころにするならば、飲み手が安きに走るのは当然でしょう。各社のシェア争いもあいまって増加するその売れ行きと生産量は、まともなビールの製造ラインを他へ押しやります。酒ディスカウンターには裏リベートを与え、安売りを繰り返させ、景品までベタつきにして口裏を合わせるように「儲かりまへんなア～」とやっている。大手ビール4社合計の広告予算1343億円（2001年度）を粗悪な商品のために費やしているとしか思えません。

さらにふたつの良質品アサヒスーパーモルトとサントリープレミアムモルツが終売候補になろうことは目に見えています。ダメビールのさらなるオンパレードは、まさに時間の問題にもなろうとしています（その後、スーパーモルトは生き残り、プレミアムモルツはリニューアル。その後発表のモルツ黒ビールは2カ月足らずで廃版）。

○×ビール株式会社から「ビール」の二文字が消えていく傾向が顕著化してきました。ウィスキーや甲類焼酎メーカーを買収、さらに販売特約権を得るために芋焼酎など本格焼酎メーカーに日参、総合商社化するアサヒ。他3社も他酒類分野にますます触手を伸ばすという業態転換が進んできました。

（2003年4月）

天国か地獄か

ヨーロッパの国民性の違いについてのジョークを紹介。フランス人のシェフ・イギリス人の警察官・ドイツ人の機械工・スウェーデン人の行政官・そしてイタリア人の恋人を天国の役割分担とあります。この国名をちょっとずらすと、イギリス人のシェフ・ドイツ人の警察官・フランス人の機械工・イタリア人の行政官・そしてスウェーデン人の恋人のようにたちまち地獄の役割分担に化けてしまうというものです。

では、これを酒の世界で分担したときどうなるか。ビールはベルギー・ドイツ。ウィスキーはアイルランド・スコットランド・アメリカ・カナダ。ブランディはフランス。リキュールはフランス・ドイツ。ワインはフランス・イタリア・ドイツ・アメリカ・スペイン。ジンはオランダ・イギリス。ウオッカはロシア・ポーランド。そして、地獄の分担はすべて日本。なぜ、こうなるのかの理由は単純明解です。

天国分担国には酒造法がしっかりあるのに、地獄分担国日本にはそれがまったくないというだけのことです。中でも国産発泡酒のまずさは〝国辱的〟代物《しろもの》と断言しておきましょう。ウィスキー・ブランディは熟成義務不要です。国はこの理由をいまだに明言していません。インスタントの同根品、自称国産ワインの原酒の大半は外国産。リキュール・ジン・ウオッカのすべてが甲類焼酎をベースに着香・着色しただけ。清酒の89%が甲類焼酎入り。日本国内ではコレすべてをよしとします。だから、やりたい放題のメーカー、これを容認し徴税だけの国。一方、これらジャンク商品をあたかもまともな品のごとくに思い込まされ、売り込まれているのが消費者です。

（２００３年４月）

闘う酒屋の酒販雑感

京王プラザビール物語

２００３年８月23日、東京・新宿都庁隣りの京王プラザホテルでのことです。昼日中から夜８時半まで半ば缶詰め状態で、純米酒だけ１２２銘柄の集中的な唎酒と勉強会に参加しました。ビールの官能試験と同様で臭覚に神経を集中させるため疲れます。その後、個室に戻り、備えつけの冷蔵庫からサントリーモルツを取り出して仰天。なんとその製造月は２００３年２月と４月でした。いくら冷夏といっても、８月後半という時期にこれはないでしょう。

出入り業者は１００％入札で、最安値を示した者が落札「○○ホテル納入というブランド」を得るが、しかし手間の割に利が薄いためメーカーへの戻入品（大手流通業者からの売れ残りや返品など）を安値で買い叩き、客室冷蔵庫へ詰め込む。いったん取り出したそれは自動的に加算され、しかも元へ戻せぬ仕掛けゆえ客は否応もなく飲んでしまう。これは自販機を置く酒販業者もよくやる手だそうだが、そんなことが理由に思い浮かびました。

案の定、翌朝のチェックアウト時に１２００円（２缶）の請求です。もちろん支払い拒否。その理由を説明したところ、いささかも慌てずうろたえず、「それはすみません」とひとこと。客室係にも支配人宛のアンケート表にも飲まなかった理由をクレームとして書き添えておきましたが、フロントの態度・姿勢から見てクレームは握り潰してゴミ箱へとなったかもしれない。それにつけても、市価の約３倍という価格設定は正にいい度胸であり、恐れ入りました。

（２００３年９月）

ヌーヴォは未熟な新酒

ここ数年間、売り上げ低迷に悩む日本のワイン業界にとって降ってわいたように好都合なのがフランスの猛暑という情報です。そして、何の根拠もない「１００年に1度」という甘やかなフレーズ。前代未聞・未曾有の量、70万ケース（８４０万本）以上のボジョレ・ヌーヴォ輸入元は、目先の売り上げほしさにサントリーを中心に一丸となってマスコミをフル動員しています。

過去一滴も飲んだこともない消費者にまで「今年のできはすごいんだってね」と言わせ、さらにヌーヴォと書いてあれば何でも可という状況まで生み出しました。しかし、ヌーヴォとはあくまでも未熟な新酒であり、熟成が進んだ大人の味ではない。素人受けしやすい、水のようにサラサラとして軽い・幼稚な酒質で、つまりはこれを「うまい」とする人々だけを相手に売りまくったわけです。

デパート・量販店・コンビニにいたるまで1～2日で完売が報じられた後、酒の業界ではまたもや『マスコミで勝利宣言』の評。大半の日本人にとってはワインは依然としてハイイメージな非日常品であり、巧みなフレーズをつけてマスコミで煽れば「消費者はまた踊る」。しかし一方では、アメリカ・カナダを抜いて世界一の輸入量となった日本は同時に、ワインに対する味覚はいまだに後進国であるという〝恥〟の部分も全世界に知らせてしまったことを忘れてはいけません。そして、先の猛暑で滞熱したまま早摘みしたぶどうの腐敗を防ぐために、大半のワイナリーで亜硫酸液を大量に散布したという裏情報も知っておくほうがいいでしょう。

（２００４年1月）

闘う酒屋の酒販雑感

すべてうまいか、すべてまずいか

発泡酒が売り出されて10年。ビールとの総売上額に占める割合は、いまや35%に迫ろうとしています。20歳から30歳の間にこれに慣れ親しんだ人は、目の前に差し出されたビールの味がまともか否かの判断もできない舌をつくりあげているようです。

まともな無添加品と屑米・コーン・スターチ入りビールと発泡酒の目隠しテストをしても、「すべてがうまい」か「すべてがまずい」かの両方ではないでしょうか。

しかし、このまともな造りを評価できない消費者を生み出し続けているのはほかでもない、ビールメーカーそのものです。アサヒが２００４年3月中に売り出すプレミアムビール・完熟は、日本人の味覚に合わせたとのうたい文句で、「屑米・コーン・スターチ（でんぷん）入り」。選択の余地も与えず、テレビＣＭで激しく売り込み続けたスーパードライと同じ最悪素材。日本人の味覚も愛酒家も、バカにされたものです。

事前のテイスティング結果も最悪で、口中に広がるオフ・フレーバーのひどさは耐えられるモノではありません。しかも値が高い。なぜか、事前に生産量を発表する。まとも品の予定数がそのたびに減っているのも、当初から評価されるのを諦めているのか、あるいは求める気もないのでは。まるで、線香花火のような……。

（２００４年1月）

目が離せない7つの数字

酒類業界専門紙で毎年2月、前年度の輸入通関実績が掲載されます。それは酒の種類・輸入国・リッター数・対前年度比率など詳細にわたっています。その中で見過ごせない数字が７つあります。（次ページ表参照）

バーボンウィスキー原酒（A）、そのほかのウィスキー原酒（B）、ブランディ原酒（C）とも、樽に詰められたまま輸入された50度以上の原酒のことです。

フィリピン産ジン（D）、フィリピン産ウォッカ（E）は、その大半は元来寒冷地・北欧の産物なのに、なぜか熱帯の地フィリピン産。しかし同国産としてボトルにラベルが貼られたり販売も皆無。

木樽入りワイン原酒（F）は人件費が安いアルゼンチン・チリ・ブルガリアの3国だけでその70％を占めるもので、総計15カ国からそれを適度にブレンドし、メーカーのラベルを貼り、あたかもすべて国産であるかのような顔つきで売っているもの。

グレープマスト（G）は、総計６カ国から輸入されるものに、ワイン酵母を植えつけ原酒に仕立て上げるもの。千葉県幕張で毎年開催のＦＯＯＤＥＸ（世界中の食品・食材・酒の商談会）会場では、買い手を探すメーカーブースで現物を見ることができます。これも国産ワインに化ける仕掛けです。

ここでひとつの単純計算をしてみましょう。２００1年のそのほかのウィスキー原酒を30％だけ入れ、残り70％には（善意に解釈して）グレーン（コーン）を主原料にした雑穀アルコールを混ぜると、７１２０万１８１３ℓにガサ増しされ、７００㎖のビン詰めにして１億１７１１万６８７５本（12本入り８４７万６４０６箱）に大化けするわけです。バーボン・

（単位・ℓ）

	2001 年度	2002 年度	2003 年度
A　バーボンウィスキー原酒	800,106	1,080,144	838,834
B　そのほかのウィスキー原酒 ＊「スコッチ」の表示が許されない「若年未熟成原酒」	21,360,544	12,901,769	4,138,029
C　ブランディ原酒（大半は安価なフレンチ）	2,770,517	2,909,043	2,987,069
D　フィリピン産ジン	625,011	760,014	748,377
E　フィリピン産ウォッカ	335,430	440,756	456,750
F　木樽入りワイン原酒	19,100,208	17,763,194	16,246,903
G　グレープマスト（ぶどう搾汁）	5,652,962	6,071,282	6,696,686

（注）＊は筆者注。
　Bの数字が激減しているのは、ウィスキーの売れ行きが激減状態の中、売るあてもない原酒の輸入を減らしたと思われる。
（出典）『酒販ニュース』醸造産業新聞社

カナディアン・ブランディ原酒も同様であり、国産巨大メーカーのどこかのラベルが貼られ、あたかも純国産のごとく市場を占拠しています。

つまりは、熟成不要のインスタントでかまわないというザル法は短期間でメーカーに莫大な利益をもたらせ、巨大化の後押しをし、同時に酒税も確保する手段となっているのです。DとEも、産地からしてその原料は廃糖蜜だと想像できます。水で希釈され、やはり国産のように売られているのです。

これからも目を離すことができない7つの数字なのです。

（2004年3月）

冷めない焼酎ブーム

沖縄の泡盛が時代に流されず、つまり流行りに左右されることなく今日まで隆盛が続いたひとつの理由は、水質にあります。

本格焼酎の蒸留法には昔から伝統技法として常圧蒸留法があり、これは一気圧で蒸留機内温度は通常80～１００℃になります。一方、１９７０年代に出現した減圧蒸留法は、たとえば蒸留機の内部圧力を真空ポンプで０・１気圧に減圧すると発酵もろみは45℃の温度で沸騰し、蒸留されます。また、機内圧力を０・０２気圧まで減圧すると、もろみは20℃の温度、つまり一切の加熱なしで沸騰することになります。減圧蒸留機の冷却機をステンレス製に交換したら、海水の塩分(塩化ナトリウム)で腐食してしまい、減圧蒸留機は普及しませんでした。

市場には、減圧蒸留機を利用したいいちこなど未熟成・香りだけは目立つ・無個性な味の焼酎が女性や初心者をターゲットに大量に出回っていますが、塩分を含む水がこの採用を断念させたことで、常圧蒸留に徹し続け、今まで以上に主張する泡盛の存在を世に知らしめる命綱となっています。もちろん塩分は逆浸透圧装置で圧力をかけて、きれいに除去したうえで仕込んでいます(追記：ただし、この後２００４年7月第27回本格焼酎鑑評会で泡盛の減圧蒸留が出品されています)。

本格焼酎だけでも２５００種類、泡盛７００種類以上(銘柄数にあらず)も集めたことを売り物にする業者が関東圏にも現れています。交通至便な立地ゆえに車での買い物客ではなく、周辺ビジネス街で働く人々やＯＬたちが主です。しかし、よく見れば蒸留方式は一切不問。銘柄・原料・アルコール度・容量・価格の表示のみ。麦・芋・米・黒糖なども、ただ数集めればいいものではありません。

飲食店業界では、今回の第三次焼酎ブームはかなり長期になるかもしれないという認識があるようです。生酒やワインと異なり、常温管理ができるゆえに扱いがラク。そのうえグラスで30杯も採れて、儲けもかなり大きい。だから飲み屋さんが手放そうとしない。芋などの本格焼酎にかかわる健康情報もちまたに溢れ続けている最中は、この熱もなかなか冷めないだろうということです。しかし、清酒業界にとってこの長期化はかなりの痛手です。焼酎・発泡酒の挟み撃ちに打開策を出せるのでしょうか。アル添・生酒・紙パック酒を放棄し、いままでの姿勢を詫び改めて「純米であって当たり前」を前面に打ち出さない限り、消費者は振り向いてもくれないでしょう。

「アルコール分95度、１ℓあたり１７０円」

清酒蔵が本醸造以下およびアル添吟醸などの非純米酒に使っている、主にガサ増し用の甲類焼酎（通称ホワイト・リカー）の通常の仕入れ原価の数字です。主たるメーカーは協和発酵・合同酒精・宝酒造などの大手です。

これを清酒に添加するときのアルコール分30度に希釈した場合、単純計算をしたら１ℓ当たり53円。１・８ℓに換算すれば95円。本醸造酒に添加する量は、その25％で24円。これより低質なアル添普通酒の添加量は、45％で43円。さらに低質な三倍醸造酒（通称三増酒）への添加量は、65％で62円となります。

主たるメーカーの製造原価は１ℓ当たり１７０円の３掛以下と見れば51円以下になります。さらにこれが25度に希釈され、１・８ℓ容器に詰めて市販される時の原価はいくらになるでしょう。これが４ℓで１５８０～１６８０円の価格に大化けして販売されているとしたらどう感じますか？

（２００４年５月）

またもやニセモノ騒ぎ

すでに昔話のひとつになってしまいましたが、25年ほど前の地酒ブーム当時、一世を風靡した新潟の清酒越の寒梅をめぐって、こんなことが生じていました。

都会の飲み屋を中心に、飲食業界内の一部ではラベルの破損なき１・８ℓの空ビンを１本２５００～３０００円でやりとりし、それに別モノの清酒を詰め替え、活字・電波メディアの提灯記事を鵜呑みにし、中身ではなく越の寒梅というラベルを飲みたがる盲信者を手玉に取って、暴利をむさぼったという話です。醸造用アルコール（廃糖蜜アルコール）・糖類（ブドウ糖・水あめ）入りであろうと、１８０㎖当たり２５００円の大枚を払い、「寒梅」談議に花を咲かす光景が、あっちこっちで繰り返されました。１９９８年には、ラベルと王冠まで偽造のインチキ物が市場に出回り、捕らえてみれば、なんと酒の小売業者でした。

サントリーリザーブ偽造事件もありました。熊本県八代市で１９８５年6月に兄弟が逮捕されたもので、バーやスナックで毎夜捨てられるサントリーリザーブのラベル破損がない空ビンにレッドなどの安物を詰め替えて売りまくっていました。氷をブチ込みキンキンに冷えた水割りで飲ませる模造品、サントリーウィスキーを「うまい」と言っている連中だから、中身の違いもわかるはずもありません。「コロっと騙された」が後の笑い話になった事件です。

そして、芋焼酎森伊蔵の偽造事件です。折しも第三次焼酎ブームの渦中での事件です。ラベルはカラーコピー、キャップも偽造。インターネットのオークションサイトで荒稼ぎ。ごく普通の造り方をした１・８ℓ２５００円の商品を３本で８万７０００円。７カ月で１５０本以上販売し、数百万円にも。越の寒梅同様に酒ディスカウンター向けのバーゲン専用芋焼酎を詰め替えていただろうことは、想像にかたくありません。２００４年５月10日、３人組の犯人が逮捕されました。中身に無関心、月刊誌などの煽り記事を鵜呑みし、勝手にイメージを膨らませ、ラベルを飲みたがる人々が、ここでも手玉にとられました。

次はインターネットオークションサイトに掲示された平均落札額です。

①森伊蔵　極上の一滴　２万６０６７円
②森伊蔵　２万４６６１円
③森伊蔵　金ラベル　１万９９０１円
④村尾　１万３９０２円
⑤魔王　１万２２２９円
⑥佐藤　黒　９１５４円
⑦むんのら　８５００円
⑧百年の孤独　８４２２円
⑨佐藤　白　６６２５円
⑩兼八　６０３３円

芋焼酎に２万６０００円も払うなら、スコッチやコニャックの極上品で究極の〝天国〟を味わえるのにと思います。

（２００４年６月）

モヤモヤが吹っ切れた

10年前に東アフリカで生活したという男性客の話です。

それ以前はアサヒスーパードライを何の抵抗もなく、ごく普通に飲んで過ごし、アフリカでの2年間はハイネケン・レーベンブロイ・カルスバーグなど飲んでいたそうです。ところが、帰国して飲んだスーパードライのあまりのまずさにビックリ仰天！　いったいどうしたことか、味覚が狂ったのか？　そして、リバティで配布している文書を見て、思わず膝を叩いてしまった。

「やっぱりそーだったんだ！　余計な添加物を多用し、厚化粧の味に慣らされていたことがやっとわかって、永い間のモヤモヤが一気に吹っ切れました」

――2年間でまともな味覚の物差しができあがったんですね。とても貴重な期間でしたね。

「そうですね。だから国産はヱビス、あとは本場のヨーロッパ産のみ。発泡酒などはまったく飲む気にもならないですよ」

（２００４年６月）

闘う酒屋の酒販雑感

元生徒から恩師への願い

１９５６年静岡県清水市立江尻小学校６年５組に若き男性教師が新任しました。師はその後、サッカー王国・清水の名を全国に知らしめる大きな原動力となった人物ですが、酒・たばこを常にご法度としている師が小学当時から〝鈍〟だった教え子のその後がかなり気がかりだったようで、約20年ほど前に小店にひょっこり立ち寄ってくださいました。

――先生

「やあ、元気か？」

――はい。青息吐息ながら何とか生き延びています。

わたしはひとつの願いを申し出ました。

――静岡県のサッカー協会およびその傘下にあるすべての団体は、酒とたばこ会社をスポンサーとして絶対に受け入れない。ほかのスポーツすべてもこれを無縁なものにしてほしいのです。このことをぜひ、周知徹底くださるように。

「うむ。よくわかった。おれもあんたの意見に賛成だ。さっそく手を打ってみよう」

そして元生徒との約束を現在も守り貫き続けてくださっているのです。

２００４年９月現在、日本サッカーリーグのＪ１―16チームとＪ２―12チームのうち、CONSADORE-SAPPOROだけはサッポロビールを、さらに日本サッカー協会自体がキリンとグループ会社を、メインスポンサーとして迎え入れています。リコール隠しなど重なる不祥事で〝走る凶器〟と揶揄された三菱自動車をスポンサーにしたURAWA-REDSの選手たちは気の毒なほどにつらいだろう。早く良識豊かなスポンサーが名乗りでてくれることを願っています。

先の師は静岡県清水に在住の堀田哲爾《てつじ》氏です。

（２００４年７月）

闘う酒屋

長澤一廣さんは、静岡市清水にある酒屋の店主(代表)です。

長澤さんのお店「リバティ」は、店内はもちろん地下の貯蔵庫、1・2階の倉庫すべてに紫外線カットの美術館専用照明を使用し、品質管理に万全を期しています。ビールは麦芽100%ものが中心。国産ウィスキー、国産ブランディ、マス・プロ清酒、いいちこ、紙パック酒、PET入焼酎、国産発泡酒、缶チューハイは取り扱わず、自動販売機も置いていません。店内の商品説明にも長澤さんのこだわりが見えてきます。原料はもちろん、味やにおいにもかなりうるさい店主です。業界新聞などでも酒町《さかまち》香多《こうた》のペンネームで数多く投稿もしています。

かれこれ7、8年のおつきあいになります。清水におもしろい酒屋があるという話を聞き、連絡したのが始まりです。わたし自身も、「ホンモノの酒　ニセモノの酒」を当時編集していた週刊誌で企画して以来、長澤さんが毎月お客さんに配布している『酒販雑感』やチラシを楽しみにして、酒の選び方や嗜み方をいろいろと教えてもらっています。

徹底してこだわった酒の販売をしてきた長澤さんは、日本の酒をとりまく現状を嘆き、そして怒っています。「闘う酒屋」とわたしは言っています。

長澤さんは1944年、7人兄弟の男の末っ子として清水の酒屋に生まれました。戦後の娯楽がない時代、地元最大の顧客は海水浴場の「海の家組合」でした。そこでの卸価格の決定は入札。ところが、実際の入札はまったく形式的なもので、裏で酒販組合が事前に談合して価格を決め、その利益は納入業者間に配分されていたのです。その「談合の急先鋒」が彼の父だったそうです。

「オヤジは消費者に対する背信行為を公然とやっている」

自分がそこで育っているのが嫌になって家を出て、10年ほど勤めを転々として過ごしました。その後、地元にもどって父とは別の地域で酒屋を始めることになります。１９７０年頃、マス・プロ品を山積みして安売りを始めたのです。それは中部4県初の酒のディスカウンターでした。そして、「談合には加わらない」と地元酒販組合にも宣言。しかし、根強い談合の歴史に染められた地元業者と、さらに問屋と税務署が一体となって商品にロープを巻いて販売できないようにしたり、営業停止処分までかけられたこともありました。

ところが、営業ができなくなると勉強する時間が生まれました。時代は第1次オイルショック。アルコールの大量販売をしている自分に「こんなことをしていていいのだろうか」と疑問に思っていたところでした。そして醸造学に詳しい元醸造試験場鑑定官との出会いがあり、さらにホンモノの酒の見方や考え方を学び、「このままではいけない」と気づきます。

それを契機に営業方針を１８０度変え、品質にこだわることを決意。顧客にはこれまで自分がやってきた品質軽視の販売手法についての詫び状を添え、4回ほどダイレクトメールを送付し理解を求めたものの、残った顧客は1割だけ。売上も激減。それまでは安ければ売れた酒も今度は「要説明」商品ばかり。品質を訴えるには手間がかかるし、理解してくれる顧客も限られる。しかし、筋を通し続け、店舗名も既存の酒販組合のしがらみにとらわれず「自由にやる」という意味を込めて、「Liberty（リバティ）」としました。長澤さんの「物の見方考え方の原点」となっているのは、15歳と17歳のときに読んだアメリカの経済学者ヴァンスパッカード著『隠れた説得者』と『浪費を作り出す人々』です。

２０００年には「ビア・クォリティ検定士」の資格を取得しています。この資格は、ＮＰＯ「ドイツ農畜産業協会」から認定された「主任ＤＬＧ検定士」が講師を行うセミナーと試験を受け、同協会と同一レベルの官能検査能力があると認められた人に与えられるものです（日本地ビール協会が運営）。ドイツ国内でも50名しかいません。日本では42名（２００４年３月）。日本の酒屋経営者としては第1号の取得となりました。

世の中、見わたせば、まだまだこまった商品だらけ。おかしなものが流行ればおかしな社会に、すてきなものが流行ればすてきな社会になっていきます。

皆さまがすてきな酒と出会いますように！

いいお酒を飲みたいですね。

２００４年初秋

お酒大好き　山中登志子

〈参考文献〉


麻井宇介『酒・戦後・青春』世界文化社、2000年。

上原浩『カラー版 極上の純米酒ガイド』光文社新書、2003年。

上原浩『純米酒を極める』光文社新書、2002年。

上原浩『日本酒と私』蔵元交流会、1999年。

北村元『日本人には思いつかないイギリス人のユーモア』PHP研究所、2003年。
C.W.ニコル『ザ・ウイスキー・キャット』河出書房新社、2002年。
城山三郎『男子の本懐』新潮文庫、1983年。

鶴田敦子『家庭科が狙われている 検定不合格の裏に』朝日選書、2004年。

マイケル・ジャクソン著、土屋守監修、土屋希和子訳『モルトウィスキー・コンパニオン』小学館、2000年。

渡辺雄二『全網羅 食品添加物危険度事典―合成・天然物質のすべてをチェック ワニのNEW新書』ベストセラーズ、1998年。

『広告白書(平成14年版、平成15年版、平成16年版)』、日経広告研究所、2001年、2002年、2003年。

『本格焼酎製造技術』日本醸造協会、1991年。

『増補改訂 清酒製造技術』日本醸造協会、1998年。

『旬報 酒販ニュース』醸造産業新聞社。

『酒税法令通達集〔平成16年度版〕』税理経理協会、2004年。


〈おすすめ書籍〉


青井博幸『ビールの教科書』講談社選書メチエ、2003年。

麻井宇介『酒精の酔い、酒のたゆたい』醸造産業新聞社、2003年。

磯部晶策『新版 食品づくりへの直言』風媒社、1996年。

シーア・コルボーンほか著、長尾力訳『奪われし未来・増補改訂版』翔泳社、2001年。

田村功『ベルギービールという芸術』光文社新書、2002年。

三木義一『日本の税金』岩波新書、2003年。

山下惣一編著『安ければ、それでいいのか!?』コモンズ、2001年。

この酒が飲みたい

2004年11月5日●初版発行

著者●長澤一廣・山中登志子

発行者●大江正章
発行所●コモンズ

〒161-0033 東京都新宿区下落合 1-5-10-1002
☎03-5386-6972 FAX03-5386-6945

振替　00110-5-400120

info@commonsonline.co.jp
http://www.commonsonline.co.jp/

印刷／東京創文社　製本／東京美術紙工
乱丁・落丁はお取り替えいたします。

ISBN 4-906640-85-0　C 0077

酒学博士の道すごろく

清酒の旧制度
級別、現在の特選・
上選・佳選の表示は
品質の良・悪・うまい・
まずいとは関係ない

清酒の世界で
純粋原料（米・米麹
のみ）酒は
わずか11％だ

清酒の添加物は
醸造アルコール・
糖類・酸味料で
増量が目的だ

大吟醸や吟醸と
いっても
アルコール添加酒が
大量に出回っている

清酒を買うときは
造りを指定
甘・辛・濃・淡など
の好み、つまみや味
付け、冷やか燗か、予
算のアドバイスを受
けるようにしている

麦焼酎の本場は
長崎県の壱岐島と
福岡県だ

安さを強調する酒に
は何かがある！と
思っている

宝焼酎、大五郎、
ビッグマンなどは
廃糖蜜アルコール
そのものだ

レモンサワーなどの
砂糖水で割る
チューハイは大量
飲酒への仕掛けだ

紙パック酒の内側の
ポリ皮膜が溶けるこ
とが気になる

合成酒とは
さまざまな添加物で
合成したもので
戦後の遺物的商品

アメリカでは
アルコールとたばこ
のテレビCMに登場
するのは
「三流の大根役者」
と言われている

すべてのCM出演を
拒否し続けた有名人
は、松竹新喜劇の（故）
藤山寛美

料理酒にも
無添加の清酒を
使っている

死に直結する酒の
イッキ飲ませで
億に近い賠償金支払
いの裁判が全国で
行われている

日本は清酒と本格焼
酎、泡盛に全力投球
し、ほかの酒類は各
国・本場の伝統・技
術・文化に基づくホ
ンモノに任せるべき
である

おみごと！
くわしくは本文を
お読みください。
合格
あなたは
酒学博士